接力与超越

——阿波罗之后再续人类登月史

【英】Pat Norris——著

孙书剑　王柏村　钱　俊——译

电子工业出版社·

Publishing House of Electronics Industry

北京·BEIJING

内容简介

本书根据阿波罗计划结束后数十年的太空探索发展情况，评估了阿波罗任务留下的遗产；针对各国再没有将人类送上月球这个问题，通过技术和历史的视角，在多学科框架下进行了探索。本书作者在航天工业领域拥有50多年的工作经验，其职业生涯跨越阿波罗8号至13号任务时期，作者在书中讲述了9个阿波罗任务，其中包括6项登月任务。本书的最后一部分全面评估了当代的太空计划及人类重返月球计划。

First published in English under the title

Returning People to the Moon After Apollo: Will It Be Another Fifty Years?

by Pat Norris, edition: 1

Copyright © Springer Nature Switzerland AG, 2019 *

This edition has been translated and published under licence from

Springer Nature Switzerland AG.

Springer Nature Switzerland AG takes no responsibility and shall not be made liable

for the accuracy of the translation.

版权贸易合同登记号　图字：01-2021-2187

图书在版编目（CIP）数据

接力与超越：阿波罗之后再续人类登月史/（英）帕特·诺里斯（Pat Norris）著；孙书剑，王柏村，钱俊译.—北京：电子工业出版社，2021.8

书名原文：Returning People to the Moon After Apollo: Will It Be Another Fifty Years?

ISBN 978-7-121-41715-3

Ⅰ.①接… Ⅱ.①帕… ②孙… ③王… ④钱… Ⅲ.①月球探索—普及读物

Ⅳ.①V1-49

中国版本图书馆CIP数据核字（2021）第153747号

责任编辑：陈韦凯

文字编辑：刘家彤

印　　刷：北京利丰雅高长城印刷有限公司

装　　订：北京利丰雅高长城印刷有限公司

出版发行：电子工业出版社

　　　　　北京市海淀区万寿路173信箱　　邮编：100036

开　　本：720×1000　1/16　　印张：18.5　　字数：298千字

版　　次：2021年8月第1版

印　　次：2021年8月第1次印刷

定　　价：118.00元

凡所购买电子工业出版社图书有缺损问题，请向购买书店调换。若书店售缺，请与本社发行部联系，联系及邮购电话：（010）88254888，88258888。

质量投诉请发邮件至zlts@phei.com.cn，盗版侵权举报请发邮件至dbqq@phei.com.cn。

本书咨询联系方式：liujt@phei.com.cn，（010）88254504。

推荐序

PREFACE

　　1969 年 7 月，美国阿波罗计划的两名宇航员的脚步首次踏上了月球表面，开创了人类探索地外星球的先河。这是人类探索外太空的华章，也是之后五十余年人类探索未知宇宙的基础。2019 年，是阿波罗 11 号登月 50 周年，当我们再次重温这项世界航天史上的壮举时，也不禁会有疑问，为什么在这漫长的 50 年时间里，再也没有人类踏上过月球或者其他星球？

　　这 50 年里，人类航天事业并非停滞不前，而是取得了长足的进步。人类已经可以实现在地球轨道的长期驻留，载人航天也有了更多途径和任务形式。因此，技术层面的问题不再是人类涉足其他星球的最大阻碍，一切回到了最本质的问题：我们为什么要去其他星球？去那里要做些什么？

　　"地球是人类的摇篮，但是人类不能永远生活在摇篮里。"人类探索未知的宇宙是天性、是本能，而恰恰是因为这件事情必须要做，我们才更应该思考做成这件事情最合理的方式。作为当今世界最具挑战性和广泛带动性的高科技领域之一，航天科技深刻改变了人类对宇宙的认知，为人类社会进步提供了重要动力。航天事业在发展的同时，应该更加注重创新、协调、和平和开放，使航天科技成果在更广范围、更深层次、更高水平上服务和增进人类福祉。

本书英文原版由英国皇家学会空间团体主席 Pat Norris 先生所著，其在阿波罗计划期间曾就职于 NASA 的重要供应商 TRW 公司。他从科学、技术、管理、政治、经济、社会等多个层面全面剖析了阿波罗计划的起源和发展，从目标、方法和过程的合理性角度讨论人类没有急于再次登陆月球的原因，从现有的内在和外在条件出发推断人类再次登上月球的可能性。人类向太空进发，不应再是某个时期、某个特定背景下的"冲动消费"，而是一项需要群策群力、循序渐进的全人类的共同事业。

我国政府把发展航天事业作为国家整体发展战略的重要组成部分，始终坚持为和平目的探索和利用外层空间。我国探月工程全面落实了"绕、落、回"三步走的战略目标，实现人类探测器在月球背面首次软着陆，开展原位和巡视探测，地月 L2 点中继通信，并实现了区域软着陆及采样返回。我国还实施了首次火星探测任务，世界上首次首趟就实现了火星环绕、着陆、巡视探测！通过这一系列稳步的探索和实践，深化对月球成因和演化的认知，开展对太阳系起源与演化、地外生命信息探寻等重大科学问题的研究。未来，中国将加快航天强国建设步伐，持续提升航天工业基础能力，加强关键技术攻关和前沿技术研究，继续推进重大航天工程，启动实施一批新的重大科技项目和重大工程，基本建成空间基础设施体系，拓展空间应用深度和广度，深入开展空间科学研究，推动空间科学、空间技术、空间应用全面发展。站在新的历史起点上，中国将加快推动航天事业发展，积极开展国际空间交流与合作，为人类和平与发展的崇高事业贡献中国智慧、中国方案和中国力量。

期待本书的中文译本能够吸引国内更多关注航天科技和航天事业发展的读者朋友，引发读者们深入思考并从中得到启发，共同探讨月球以及其他地外天体探测的科学问题、近期目标以及未来愿景。

中国工程院院士　龙乐豪

目录
CONTENTS

1975 年 7 月 17 日，冷战中的美国和苏联在地球轨道上共同执行了阿波罗 – 联盟测试计划（Apollo-Soyuz Test Project，ASTP）。以英文撰文的美国纪念牌（蓝色）和以俄文撰文的苏联纪念牌（红色）在轨道上拼合，作为国际合作的象征。可就在这次合作前的十余年间，美苏两国一直在争夺登月制高点，并以美国阿波罗计划的全面胜利而告终。

第 1 章

1961 年 5 月，美国做出把人类送上月球的决定，这一决定在一定程度上出于短期政治目的。在被负面新闻报道困扰数周之后，肯尼迪（John F. Kennedy）总统想要恢复自己的支持率，在当时的情况下，做出载人登月的决定似乎是让媒体和大众重新偏向他这一方的最优途径。

1960 年 11 月，肯尼迪赢得了有史以来竞选票数最为接近的一次总统大选。此次大选中，来自伊利诺伊州和得克萨斯州的选票对肯尼迪的获胜起到了决定性作用，而这两个州的选举结果也同时遭到了对手的质疑。如果当时是他的对手——共和党人尼克松（Richard M. Nixon）获得这两个州的选举人票支持，肯尼迪就不可能当选。尼克松团队对大选结果提出了法律诉讼，但以失败告终，尼克松随即接受了失败，并呼吁自己的支持者也承认大选结果。一直以来，美国大选的官方统计票数以各州的选举人票数为准，并不依据全国的总票数。此次大选中，肯尼迪不仅获得了更多的选举人票，而且总得票数也更高，这也使其胜选的结果更加合法化。当然，美国总统大选胜选者的总得票数比对手低的情况也是存在的，比如：2016 年当选的总统特朗普（Donald Trump）比对手希拉里（Hilary Clinton）少了近 300 万票；2000 年当选的总统布什（George W. Bush）比对手戈尔（Al Gore）少了近 50 万票。

1961 年 1 月，肯尼迪正式就职，就职伊始就以国会大厦前的就职演说作为重要开端，向世人展现他非凡的个人魅力、过人的智慧和独特的风格。他的演讲稿中充满了激动人心的金句，如他对所有美国人的号召——"不要问你的国家能为你做些什么，而要问问你能为你的国家做些什么"。同年 3 月，他提出成立"和平队"，建立了让美国年轻人"服务于美国的国家利益，并为了和平事业，在发展中国家工作和生活"的机制。但是好景不长，接下来的四月，却让肯尼迪备受煎熬。

第一次打击发生在 1961 年 4 月 12 日，苏联成功将第一个人类——尤里·加加林（见图 1.1）送入了太空。其实早在四年前的 1957 年 10 月 4 日，苏联就成功发射了世界上第一颗人造卫星——斯普特尼克 1 号（Sputnik-1），这也就意味着苏联在太空探索中处于了领先地位。然而颇具讽刺意味的是，苏联在太空竞赛中的独占鳌头，曾引发美国民众对苏联的强烈抗议，而当时的肯尼迪正是这种敌对情绪的获益

（图源：ESA）

图 1.1　1961 年 4 月 12 日，尤里·加加林在前往发射场途中，他即将开始一次铭记史册的太空之旅。莫斯科时间上午 9 时 7 分，东方号（Vostok）运载火箭点火升空，将东方 1 号（Vostok-1）载人飞船送入轨道，使尤里·加加林成为第一个环绕地球轨道飞行的人。苏联早期的载人飞船并非采用软着陆设计，在返回地球的过程中，加加林（以及其他早期的苏联宇航员）要在 7 千米左右的高度处从船舱内弹射出来，并通过降落伞完成着陆；返回舱也在相近高度通过降落伞减速着陆，但较高的着陆速度还是会在地面产生一个相当大的撞击坑。

者。他批评前总统艾森豪威尔（Dwight D. Eisenhower）提出的一些政策，认为正是这些政策促使苏联在远程导弹和卫星领域中取得了飞跃式的发展。

虽然在苏联发射第一颗人造卫星的 4 个月后，美国也成功地向太空发射了一颗卫星，但在接下来的一段时间内，还是苏联人创造的太空奇观轰动了全世界。例如：苏联发射了比美国更多的卫星、发射了第一枚月球探测器（1959 年 9 月）、拍摄了第一张月球背面的照片（1959 年 10 月）、将第一只动物送入太空（流浪狗"莱卡"，1957 年 11 月）、第一次将从太空返回的动物再次送入太空（1960 年 8 月）等。其实在那一段时间内，苏联有多次发射任务失败，但由于对外采取保密政策，致使公众看到的都是成功的消息。与之形成鲜明对比的是，美国的每次发射任务都是在媒体的全程关注下进行的，与看上去绝对可靠的苏联航天相比，美国的每次失败似乎都在凸显苏联在航天领域的领先地位。实际上在这一时期，苏联的发射任务失败次数高于美国，发射任务成功次数少于美国，但这一事实直到 20 世纪 90 年代才为人所知晓。[①]

当尤里·加加林英俊的笑脸刊登在世界各大报纸的头版时，肯尼迪就职初期的光辉开始逐渐变得黯淡。

祸不单行，更糟糕的事出现了。前总统艾森豪威尔给肯尼迪遗留

———————

① 1958年，苏联有6次未公开的发射任务失败，却仅有1次发射任务成功。同年，美国有10次发射任务失败，7次发射任务成功。但是由于公众并不知晓苏联的失败，加之媒体更倾向于渲染灾难而不是成功，看起来就成了美国失败了10次、苏联成功了1次。

了一个让人头疼的问题——位于美国佛罗里达州海岸以南 160 千米的古巴的反美政权，以及被美国收留的一批渴望入侵古巴并推翻政权的古巴流亡分子。1961 年，到了肯尼迪执政时期，在中情局的武装和训练下，1400 名流亡分子从危地马拉基地出发，于 4 月 17 日抵达古巴猪湾海岸。肯尼迪曾经是反对派遣美国船只和飞机来支援侵略行为的（虽然这种支援只是艾森豪威尔时代早期计划的一部分），如今却食言了。[①]古巴领导人菲尔德·卡斯特罗（Fidel Castro）迅速组织部队包围侵略者，侵略部队三天后投降。猪湾事件进一步加强了卡斯特罗在古巴的领导地位，而肯尼迪却因此事被认定为一个迂腐又无能的帝国主义统治者。

糟糕的情况终于在五月出现了转机。1961 年 5 月 5 日，艾伦·谢泼德（Alan Shepard）成为第一个进入太空的美国人。在这次仅有 15 分钟的名为水星（Mercury）计划的飞行任务中，艾伦到达了 186 千米高度的亚轨道，并未正式进入轨道。他乘坐的自由 7 号（Freedom-7）飞船按计划安全降落在大西洋，距离佛罗里达州卡纳维拉尔角发射场（以下简称卡纳维拉尔角或肯尼迪角）约 482 千米（见图 1.2）。

谢泼德一夜之间成为全民英雄，所到之处都吸引到大批的支持民众，各大媒体也都对此积极宣传。美国公众对本国航天英雄的强烈渴望，对谢泼德太空飞行的积极反响，深深触动了肯尼迪，促进了肯尼迪宣布美国实施载人登月的试探性决定。

艾森豪威尔一直不愿意资助载人航天计划，相比于把人送入太空，他更热衷于支持将搭载了相机的卫星（侦察卫星）发射到太空。其实

---

① 1961 年 4 月 16 日，由美国支援的少量飞机轰炸了古巴机场。

早在 1954 年，艾森豪威尔就启动了一个类似的计划，比斯普特尼克 1 号早了整整三年。斯普特尼克 1 号发射以后，艾森豪威尔依然拒绝航天爱好者们提出的资助载人航天的要求，但迫于多方压力，他同意了相对温和的"水星计划"。他决定通过建立国家航空航天局（National Aeronautics and Space Administration，以下简称 NASA）来为侦察卫星的研制提供军事资金支持，同时实施载人航天和空间科学探索计划。

（图源：NASA）

图 1.2　艾伦·谢泼德成功执行飞行任务并溅落在大西洋后，
美国海军陆战队直升机救援队将其从返回舱中吊起。

肯尼迪曾经并不是一个航天爱好者。当肯尼迪还在美国参议院就职时，波士顿科学家们就曾试图说服他和他的兄弟罗伯特（鲍比）支持美国航天计划，但最终被以"善意的蔑视"置之。肯尼迪家族认为"所有的火箭都是在浪费金钱"。

1961 年 4 月 12 日加加林的首次太空飞行之后，媒体的强烈反响促使了肯尼迪态度的转变。第二天，肯尼迪要求顾问泰迪·索伦森（Teddy Sorensen）研究适合美国的太空计划。随后，索伦森立即与 NASA 局长詹姆斯·韦伯（James Webb）、NASA 副局长休·德莱登（Hugh Dryden）、肯尼迪的科学技术特别顾问杰罗姆·威斯纳（Jerome Wiesner）和预算主管大卫·贝尔（David Bell）四位同事举行了一次战略研讨会议。经过漫长的会谈，他们得出结论：现阶段，苏联的火箭能力更强，苏联将在太空探索方面继续保持五年左右的领先水平。美国若想超越苏联，必须提前进入下一代技术的探索中去。

已有的火箭运载能力表明，苏联能够将搭载两到三名宇航员的航天器率先送入轨道，甚至有可能将第一个人类送入月球轨道（但是并不能在月球表面着陆）。美国如果有了新一代运载火箭，就可以在恰当的时间实现对苏联的反超——让人类在月球登陆。

在接下来的一段时间，NASA 一直在分析建造更大火箭的可行性以及如何利用其实现载人登月。其实，美国航天领域的杰出代表沃纳·冯·布劳恩（Wernher von Braun）（见图 1.3）已经就载人星际航行的课题进行了长达十年以上的研究及推广。早在二战期间，冯·布劳恩就差一点在德国完成了远程火箭技术的研究；现在的他在亚拉巴

马州亨茨维尔的马歇尔空间飞行中心（Marshall Space Flight Center）主
持 NASA 的火箭研发活动，并研制了一款新的重型运载火箭。在位于
华盛顿特区的 NASA 总部内，冯·布劳恩得到了另一位欧洲移民，同
时也是一个载人登月的狂热支持者——乔治·洛（George Low，奥地
利籍）的帮助。

（图源：NASA）

图1.3　1954年，沃尔特·迪斯尼（Walt Disney，左）参观沃纳·冯·布劳恩（右）
在亚拉巴马州亨茨维尔的陆军导弹基地。除了管理美国最先进的火箭研发中心以外，
冯·布劳恩在 20 世纪 50 年代还向美国公众普及太空旅行的概念。他兼任迪士尼工作
室的技术总监，拍摄了三部关于太空探索的电视片。

　　从表面上看，相较于机器人，人类去执行探索月球的任务并不是

很好的选择。科学顾问威斯纳曾经指出，载人航天器的成本比搭载机器人（无人）航天器的成本高出一个数量级。① 但是，载人航天飞行带来的政治利益远胜过高昂的成本。

在索伦森召集会议前的三个月（也就是肯尼迪就职典礼前夕），NASA 已经制定了一份将人类送上月球的大纲，并计划在 1969 年或 1970 年实施登月。三月份时，肯尼迪批准了冯·布劳恩研制重型运载火箭的资金，但是拒绝批复安置在火箭顶部的阿波罗飞船的设计资金。在这一时间点上，肯尼迪总统对载人航天的态度仍然摇摆不定。而副总统林登·约翰逊（Lyndon B Johnson）则极力支持，他凭着优秀的说服技巧为美国颇为大胆的太空计划争取到了国会和媒体的支持。

基于冯·布劳恩和同事们的前期筹备，NASA 已经为载人登月积累了一定的数据，而这些宝贵的数据足以让白宫智囊们为总统准备一份政策议案，并于 1961 年 5 月 25 日递交给国会。猪湾事件、加加林的凯旋以及公众对艾伦·谢泼德太空飞行的强烈反响，激发了肯尼迪对载人航天的热情，他决定为 NASA 和整个国家提出一个雄心勃勃的目标，从苏联手上夺回对太空的霸权。

肯尼迪在国会的演讲（见图 1.4）篇幅很长，涉及一系列问题，但直至接近尾声，肯尼迪才呼吁："这个国家将致力于在十年之内实现让宇航员登陆月球并安全返回地球的目标。"肯尼迪演讲的其余内容大都被人们淡忘了，但这句呼吁却被重复了一遍又一遍，它代表了一

---

① 人类生存需要供给氧气、水、食物、热量、八小时的睡眠等，而机器只需要供电即可。随着电子工业革命的兴起，机器变得越来越小，而人却不是。

项人类工程史上的伟大杰作的开始，甚至在接下来的五十余年中都没有任何国家可以企及。

（图源：NASA）

图 1.4　1961 年 5 月 25 日，肯尼迪总统在国会联席会议上宣布阿波罗登月计划。与会旁听的副总统林登·约翰逊（左一）和众议院议长萨姆·雷博恩（Sam T. Rayburn，右一）都是得克萨斯州的政治家，他们对 NASA 载人航天中心最终坐落于休斯敦（位于得克萨斯州）产生了重要影响。

这句呼吁虽然言辞简短，但最关键的是要界定清楚技术要求。正如一位 NASA 高级官员后来解释的那样——我们只需抓住三个关键词：人、月球、十年。在后文中，读者将会看到很多相关的例子就是围绕着这三个关键词展开的。特别是"十年"的时间限制，极大地影响了 NASA 对技术方案和管理方法的选择，而这些方案和选择有时甚至是备受争议的。

在肯尼迪的国会演讲之后，韦伯就开始努力说服国会批准阿波罗计划的资金，以便让 NASA 能够如期完成肯尼迪的雄心壮志。

1972 年 12 月 7 日，美国东部时间凌晨 0 时 33 分，阿波罗 17 号搭乘土星五号运载火箭从佛罗里达州肯尼迪航天中心 39A 发射台发射升空。此次是土星五号执行的最后一次登月任务（也是土星五号的倒数第二次发射任务），同时是土星五号的首次夜间升空。土星五号的五台 F-1 发动机的火焰照亮了夜空。

第 2 章

美国的登月火箭

把物体或者人送入地球轨道，需要强有力的技术支撑。1957 年 10 月 4 日，苏联发射的斯普特尼克 1 号卫星首次实现了这一目标；四个月后，美国也紧随其后发射了探险者 1 号（Explorer-1）卫星。到了 1961 年初，已经有 43 枚航天器发射入轨，其中 38 枚运行在地球轨道，另外的 5 枚通向深空，抵达月球。

虽然公众普遍认为在这场太空竞赛中苏联处于领先地位，但事实上这 43 枚航天器中有 34 枚是由美国研制的（其中还包括 2 枚深空探测器），所以两国之间的竞争应该说是平分秋色。因此，美苏两国科研人员都迫切希望攻克登月（和返回）这一难关，当然他们也都明白，随之而来的技术难题会让他们举步维艰。

对于能否成功登月，最关键的就是运载火箭技术，火箭必须能够提供足够的动力，才能使巨大的航天器以既定的速度摆脱地球引力的束缚。在探索初期，科学家们对成功登月所需的火箭运载能力看法不一，乐观的看法认为应该在 100 吨左右[1]，而悲观的看法则认为是前者的两到三倍甚至更多。而在 1960 年前后，火箭能达到的最大运载能力只有 6.5 吨[2]，这是远远不够的，还需要提升 20 倍甚至 50 倍。

---

[1] "吨"这个质量单位至少有三种含义。本书中为了表述方便，用"吨"代表 1000千克（约2205磅）。需要注意的是，在美国或加拿大"吨"通常代表2000磅，而在世界其他国家和地区"吨"通常代表2240磅。

[2] 1961年2月4日，苏联发射了斯普特尼克7号（Sputnik-7）卫星，重6.48吨。它本来是一枚金星探测器，却未能脱离地球轨道。在1965年原子（Proton）运载火箭（运载能力达12吨）问世之前，斯普特尼克7号一直是苏联质量最大的航天器。1958年12月18日，美国发射的斯科尔（SCORE）卫星重3.96吨，是美国直到1964年NASA土星一号运载火箭（运载能力达17吨）问世之前质量最大的航天器。资料来源：1996年TRW空间日志（TRW Space Log，1996）。

　　火箭的基本原理讲起来非常简单，和发射炮弹类似。可燃物在仅有一端开口的腔体中燃烧，产生高温气体形成的火焰从开口端冲出，并向后推动火箭——就像船起锚时水手把船从码头推离一样，水手站在船上推动岸壁，船受到反作用力远离岸边。运载火箭的技术难点之一是如何防止火焰的高温熔化发动机。由于火箭的尾焰是高温、白热的，想要避免发动机融化并不是一件容易的事情。为了解决这个问题，科研工作者逐步研发出耐高温材料，并提出了在发动机燃烧室周围布置了装满冷却液的管道来降温的方案。

　　运载火箭的另一个技术难点是，火箭本身携带大量的燃料，使航天器难以拥有足够的搭载余量。例如，在卡纳维拉尔角发射场矗立的土星五号运载火箭（以下简称土星五号），顶部搭载的阿波罗飞船仅占火箭起飞质量的不到 2%；换言之，如果土星五号火箭本身超重 2%，这枚火箭就毫无价值。如何对火箭结构进行减重，如发动机、燃料箱以及外围的管路、接线、传感器、接插件等，则是科研人员需要突破的难题。目前有一种解决的方法是利用火箭结构本身作为燃料箱（常用于赛车领域，称为单体壳设计），并尽可能减小壁厚来达到对火箭结构减重的目的。

　　早在 19 世纪，人们就意识到，想要飞得更远就必须摆脱无效的负重，比如抛弃掉火箭已经消耗殆尽的燃料箱，火箭就能减小一部分上升时的负载。大多数火箭设计者会更进一步，即在飞行过程中适时抛掉起飞时提供动力的重型发动机，只保留较小的发动机继续飞行。这样的设计主要考虑到两方面：一方面，一直携带着只有部分飞行时段有用的发动机会增加负重浪费燃料；另一方面，随着火箭飞行高度的提升，大气也越来越稀薄，燃料的燃烧方式会发生转变。因此，巨大的一级重型发动机通常设计为在大气层内工作，而较小的二级发动机设计为在真空中工作。有些火箭还有第三级或第四级，每一级都比前一级规模要小。

传统的汽油机、柴油机和喷气式发动机在真空中都是无法工作的——它们都需要利用周围的空气（准确来说是空气中的氧气）来使燃料燃烧。这些形式的发动机在火箭起飞初期（大气层内飞行时）还是有效的，但是脱离大气层后就必须自主提供氧气。

不巧的是，性能最好的燃料（相同质量下提供的推力最大）往往是难以控制、危险性极大或者有毒的化学物质。氢和氧结合燃烧时可以产生极高的推力，但是当它们以气态形式储存时体积会很大，因此唯一可行的方法是将其冷却液化，这样体积可以减小 1000 倍。氧气在冷却到 -183℃ 时可以变成液态的，而氢气在冷却到 -253℃ 时才会变成液态。将大量的氢气和氧气冷却到如此低的温度（特别是氢气）并保持，是一项庞大而复杂的工程。

最早的远程火箭采用的是将高纯度酒精或煤油与液氧混合作为燃料。虽然酒精和煤油燃料不如相同质量的液氢燃料提供的动力强，但是储存起来却容易得多。二战时德国的 V2 火箭使用的是醇基混合物燃料，而发射斯普特尼克卫星和加加林的苏联火箭则使用的是煤油基燃料。液氢的推进效率是煤油的两倍，被用作土星五号第二级和第三级的小型发动机燃料。但是如果土星五号一级大型发动机也采用液氢燃料，处理起来的技术难度就实在太大了。

煤油作为燃料是容易管理的，因为它可以在室温下储存——就如同在地下室油箱中储存（至少几个星期）为房子供暖所需的燃油一样容易。但是因为推进效率的差异，土星五号使用煤油作为燃料要比以液氢作为燃料所需的量更多。使用煤油对于一级火箭发动机而言影响并不大，理论上可以通过多携带一些燃料让火箭第一级飞行时间更长一点，这样就可以把煤油燃料带来的额外质量抵消。但也正是因为这一点，火箭的第二级和第三级发动机就更加不适合使用煤油燃料，因为一级火箭飞行时，第二、三级发动机多携带的煤油就成了无效负重。正如阿波罗 11 号探险之旅的一名著名纪实作家所述："一方面，火箭不得不克服煤油自身较高的相对质量起飞，另一方面，（后级的）煤油在前级的飞行中又毫无用处。"

火箭的燃料燃烧过程本质上就是一种可控的爆炸过程，但"控制"它是个棘手的问题。从 1961 年到 1964 年，NASA 和工业界的工程师们，特别是洛克达因（Rocketdyne，液体火箭发动机生产商）公司，一直在努力寻找避免土星五号一级发动机爆炸的途径。技术人员们搭建了一个发动机原理样机，启动后几秒内发动机就可以达到满功率，但持续一会儿就会爆炸自毁。解决一级发动机的燃烧控制问题，是阿波罗计划中最重要的技术成就，也使阿波罗登月计划的成功实施成为可能。

土星五号的一级火箭由五台 F-1 发动机（见图 2.1 和图 2.2）组成，每台发动机可以产生 680 吨的推力。在 1961 年，F-1 发动机的推力是当时美国已有火箭发动机的六倍以上。

一级发动机的燃烧控制问题用了四年才得以解决，解决的关键问题，不是液氧的低温问题，不是用于输送燃料的55000马力动力泵的问题，也不是燃烧室材料耐受高温的问题，这些问题在创新、细致的工作（以及充足的资金）下都被顺利克服了。发动机工作过程中，燃料通过一个扁平的喷头进入燃烧室，喷头的一部分喷孔喷射煤油，另一部分喷射氧，二者充分混合；点火装置产生的火焰使煤油和氧在2800℃下燃烧，产生8兆帕斯卡的压力，相当于大气压力的80倍；发动机工作时，每秒就会消耗掉1吨煤油和2吨液氧。

（图源：NASA）

图 2.1 土星五号运载火箭的第一级。图中左侧可以看到五台 F-1 发动机的喷管，其规模可以和下面站立的人对比示意。

燃料的燃烧必须非常均匀，否则就会产生燃料过剩和不充足的区域，在燃烧室周围产生温度差和压力差；由此产生的对流会在燃烧室壁面迅速反弹、相互加强，从而失去控制使整个发动机组件解体爆炸。冯·布劳恩和他在德国的研发团队在战争期间就遇到了这个问题，最终采用调节燃料"喷头"（专业名称：喷油器）流量的方法解决了问题：如增加挡板、适当减少燃料流量或其他工程措施。在莫哈韦沙漠（Mojave Desert）试验场报废了几台 F-1 试验发动机后，研究团队意识到发动机工作中的不稳定过程是没有办法完全避免的，他们必须接受这一事实，并想办法防止不稳定过程产生累积效应。

（图源：NASA）

图 2.2　沃纳·冯·布劳恩站立在土星五号底部旁。

冯·布劳恩解释称，还没有人对（不稳定）过程本身有充分的了解，这"迫使工业界对喷油器和燃烧室的开发几乎全部采用了经验性方法"——换个说法就是"他们采用了试错法"。

研发团队尝试了在燃烧室中添加挡板来减弱压力区的波动，并且尝试了数十种喷孔尺寸和喷孔射向各不相同（见图2.3）的"喷头"，最终他们得到了一台可以稳定运行的发动机，运行过程中任何不稳定的现象都会在0.1秒内迅速衰减。为了验证它是否足够稳定，在发动机运行过程中，测试人员在燃烧室内引爆了一枚小型炸弹，并观察发动机能否抑制爆炸产生的压力波动。这枚炸弹使燃烧室内的压力从8兆帕斯卡提升至28兆帕斯卡，而发动机成功应对了这一压力突变，运转良好。通过调整炸弹的规模，测试人员就可以在试验中构造不同强度的不稳定性扰动，以分析发动机恢复稳定状态的能力。

后来NASA的一份报告中总结了解决这一问题的技术路线：对细节的极度关注引起了显著的局部设计变化，事实证明这些变化最终产生了重要影响。在仔细复核现象后发现，扩大燃料喷孔直径是提高发动机稳定性最为有效的途径，其他的细节改进还包括调整燃料和氧化剂的冲击角度。

对发动机的改进使其动力稍逊于最初设计时的状态，但是五台F-1发动机已经能够为土星五号的第一级发射提供足够的动力。1965年初，5台F-1发动机被安装在试验台上进行了6.5秒的热试车，产生了任务所需的3400吨的推力。据在距离试验台1.5公里外掩体内的测试人员描述说，他们的内脏甚至随着五台发动机的启动而颤抖。而试验中发动机的轰鸣声更是大到让人恐惧——这或许是除核爆炸以外人类能够产生的最大的声音。

（图源：埃尔斯顿·希尔）

图 2.3　亚马逊创始人兼首席执行官杰夫·贝佐斯（Jeff Bezos）指出搭载阿波罗飞船进入太空的土星五号上 F-1 发动机的喷油盘细节。这个喷油器是贝佐斯探险队 2013 年从大西洋海底打捞出的众多此类文物之一。每一枚土星五号运载火箭的第一级都被第二级弹出后坠落在海洋中。近 110 厘米的喷油盘上复杂排列的喷孔和凸起的挡板（说明详见正文）在撞击入水后沉入 4000 米深的海中四十余年，至今仍然清晰可见。杰夫·贝佐斯将再次出现在本书第十章的故事中。

　　政府和工业界在火箭研制过程中所承担的角色诠释了 NASA 对于项目管理的新理念。这是一种介于完全自主设计、建造所有产品（传统海军兵工厂的思路）和把产品全部外包的中间状态。这意味着研制过程中出现的问题都无法归咎于任何单一方面；同时也意味着双方可以开诚布公地交换意见和信息，从而大幅节省时间。洛克达因公司和 NASA 的工程师们在位于洛杉矶（加利福尼亚州）的洛克达因工厂里一起工作，同时也得到了在亚拉巴马州亨茨维尔的冯·布劳恩以及其他地方团队的支持。

土星五号一级火箭的承包商是波音公司，其主要任务是将五台 F-1 发动机集成，与巨大的燃料箱、泵、管路等组装成可运行的火箭系统。尽管一级火箭是一项巨大的工程，但由于 F-1 发动机本身性能优良，波音承担的工作是阿波罗计划中进展最顺利的。

二级火箭的承包商就没有那么顺利了。在签署二级火箭合同时，阿波罗飞船的合同和波音承担的一级火箭合同已经在按部就班地开展工作了。而火箭的第三级采用了一种已有的设计方案，原则上不轻易更改；因此二级火箭就必须进行频繁的改动，比如合同开展的初期很多问题集中爆发，设计上就不得不随之修改。一般来说航天器的质量会随着设计和建造过程的延伸而变得越来越重，因为研制过程中可能增加各种设备设施来解决意想不到的问题，阿波罗飞船也是一样，但这几吨的额外增重只能从二级火箭的设计质量中扣除。前文中已经说明，火箭其实就是用轻质结构将燃料包裹起来，想要从结构上减去几吨的质量基本没有可行性。特别是土星五号的二级火箭，是有史以来最大的低温液体火箭，容纳了 -253℃ 的液氢和 -183℃ 的液氧燃料。

作为二级火箭的承包商，北美航空公司（North American Aviation）必须要寻找新的方法实现减重。他们设计了一种巧妙的蜂窝状绝缘材料，比金属材料要轻很多。他们用酸液一点点（以微米尺度）腐蚀掉燃料罐罐壁上的铝，使之薄到恰好满足结构强度要求。他们还将液氧罐和液氢罐结合成一体，中间用金属或塑料屏障隔离开来，从而节约了 4 吨左右的质量。在走了很多弯路后，他们最终制造出的二级火箭，火箭结构的质量仅占所携带燃料质量的不到 10%。

洛克达因公司开发的二级火箭发动机，原型是其在 20 世纪 50 年代为美国空军研发的一款发动机，最初打算用于火箭飞机（rocket-powered aircraft），研发初期由 NASA 主管。第一款真正采用液氧液氢作为燃料在轨飞行的火箭发动机，是宇宙神 5 号（Atlas V）运载火箭所采用的半人马座（Centaur）二级火箭发动机。在阿波罗之前，一些无人登月任务使用过这款火箭，包括在 1966 年到 1968 年的几台在月面实施软着陆的勘测者号探测器（Surveyor probe）。半人马座发动机的推力是 6.5 吨，而土星五号的二级发动机所需的推力还要在此基础上提高十倍以上，达到 90 吨。虽然这只是一级火箭 F-1 发动机 680 吨推力的七分之一，但对于如此复杂的发动机来说已经是非常可观的进步。

二级火箭发动机被命名为 J-2 发动机，同样配置 5 台，与一级火箭的五台 F-1 发动机排列方式相同（见图 2.4）。J-2 发动机不仅需要提供期望的推力，还必须具备在轨关机和重启的能力。太空中近乎真空，常规润滑油会迅速汽化而失效，而且超低温的燃料、常温工作的动力泵、高温的燃烧室之间存在巨大的温差，发动机在轨重启并非易事。一级火箭所采用的 F-1 发动机就无法实现关机重启，不论是否还有剩余燃料，一旦关机，工作寿命随即终止。

NASA 发展史纪要中指出："过程中的每一步，承包商和用户

（冯·布劳恩的亨茨维尔团队）都把在早期项目中积累的信息和想法互相交流、互通有无，并根据（液氢）发动机的技术要求改进设计方案，积极推动技术创新，最终实现了研制新型火箭动力系统的设计目标。"

需要特别指出的是，洛克达因公司应该受到 NASA 的特别"嘉奖"，他们选用了竞争对手普拉特·惠特尼（Pratt & Whitney）公司研制的喷油器（前文所述的燃料"喷头"）。回想一下，喷油器曾经是 F-1 发动机研制过程中最大的绊脚石，但是洛克达因最终还是接受了来自竞争对手的更好的技术，从此喷油器烧毁的问题也一去不返了。

（图源：NASA）

图 2.4　五台 J-2 发动机为土星五号的第二级提供动力。图中可以清晰地看到供给液氧和液氢的复杂管路。尽管 J-2 发动机的喷管口径和 F-1 的几乎一样（见图 2.3），但推力只有 F-1 发动机的七分之一。

三级火箭被统称为 S-IVB，自 1965 年以来一直在土星 1B 运载火箭上使用。它采用了一台以液氧液氢为燃料的 J-2 发动机，相比于二级火箭上用的发动机只做了一点微小的改动。它也同样具备关机和重启的能力，这对于阿波罗任务来说至关重要。虽然在 1967 年的一次测试中，三级火箭曾因为虚焊问题而发生爆炸，但与前两级相比，研制过程还是比较容易的。

土星五号还有一个非同寻常的特点就是它的仪器单元（Instrumentation Unit）——由 IBM 制造的机载计算机系统。它包含三台计算机，每台计算机都可以复核和修正火箭飞行轨迹，三台计算机持续进行运算并比对结果。如果其中一台给出了与其他两台不同的结果，这个结果将被判为错误。这种"三取二冗余"的容错技术，是计算机在如此关键的领域发挥作用的一项重大技术进步。据说，冯·布劳恩曾称这套机载计算机系统为"土星火箭最关键的设备"。

接下来，让我们看看这一切是如何推动阿波罗 11 号任务进行的。

阿波罗 11 号升空登月并创造了历史。著名艺术家罗斯·阿拉史密斯（Russ Arasmith）为这段旅程创作了该画作，用艺术表达描绘出了阿波罗 11 号从地球到月球的飞行轨迹，并显示了登月舱着陆后，指令舱和服务舱组合体环绕月球运行时的状态。

第 3 章

阿波罗11号——
飞向月球

1969 年 7 月 16 号（星期三）的早上，三位杰出的 NASA 宇航员乘坐发射架的电梯，上行 98 米登上位于土星五号运载火箭顶部的阿波罗飞船（见图 3.1）。驾驶舱从左至右依次乘坐的是尼尔·阿姆斯特朗（Neill Armstrong）、巴兹·奥尔德林（Buzz Aldrin）和迈克尔·柯林斯（Michael Collins）。为了优化舱内布局，并减小起飞和返回过程的过载，飞船在设计时将座椅靠背固定在座舱地板上，因此宇航员在飞船上呈仰卧姿势。三名宇航员用了近三个小时在飞船内逐项核对检查清单上的内容、执行控制中心的指令以及检查一切必要的细节，直至火箭发射。

（图源：NASA）

图 3.1 尼尔·阿姆斯特朗在前往肯尼迪角（Cape Kennedy）的路上，
清晨的薄雾依旧漂浮在远方的大海上。

在这段时间里，土星五号的燃料加注也在同步进行。煤油可以在常温下储存，因此早在宇航员到达前几小时，煤油燃料就已经被加注完毕；而需要在超低温条件下储存的液氧和液氢必须尽可能在临近发射前加注，才能避免汽化。加注之前，必须将燃料箱中的水蒸气和其他不需要的气体排出，一级火箭液氧燃料箱内的杂质气体需用干燥的氮气吹除，二级和三级火箭燃料箱的杂质气体需用氦气吹除。之后便可将液氧和液氢缓慢加注到空燃料箱中——液氧和液氢进入温度相对较高的燃料箱中会发生剧烈汽化，因此加注过程必须非常缓慢。液氧液氢会一直汽化，所以直至点火前几分钟，燃料都要一直补加。

佛罗里达时间上午 9 时 32 分，伴随着发射倒计时，土星五号点火成功，五台 F-1 发动机开始工作（见图 3.2）。[①] 发射现场的观众在 5.5 千米之外的安全距离享受着当地 31℃ 的好天气，他们远远地看到火焰从火箭底部喷射而出，而发动机的轰鸣声则在 15 秒之后才传来。有人发现火箭在起飞过程中产生了晃动，这显然是受到当地气流的影响。因为火箭结构设计本身就是为了导通气流而不是阻挡气流，根据不同的阵风来流，火箭会计算出一条修正轨迹，发动机随之进行加减速调整，因此在发射初期的数秒内火箭会产生颠簸。柯林斯回忆道："（起飞的颠簸）非常猛烈、非常急促，就像一个女司机在极其狭窄的小巷里开车，来回拨弄方向盘，紧张至极。"阿波罗 8 号上的比尔·安德斯（Bill Anders）描述此过程是"（晃动）强度极高，就像一只被大猎犬叼在

---

① 第一台发动机（位于中央）在起飞前9秒点火，随后其他发动机以0.25秒的间隔依次点火（以减弱振动），这样在发射塔架抱臂打开和火箭起飞之前，发动机就能够积累到最大功率。

口中的老鼠"。8 秒钟后，火箭上升到发射塔上方。柯林斯后来回忆说：
"当火箭产生这种顿挫和晃动的时候，很庆幸我们周围没有任何（能
碰撞到的）物体。"

（图源：NASA）

图 3.2　发射塔抱臂展开，土星五号喷射尾焰并飞离发射平台。
土星五号顶部的微型火箭是一个逃逸系统，如果火箭主体飞行过程中因故障
而解体，逃逸系统将拉动宇航员座舱与火箭分离。

对于在肯尼迪发射中心外观看阿波罗 11 号发射的 100 多万观众而
言，火箭第一级点火后两分半钟的景象是极为壮观的，特别是最初那
地动山摇的发动机轰鸣声更为震撼。一级火箭关机时，火箭速度已经
接近 9600 千米 / 小时，此时火箭已到达 64 千米外的高空，与发射场水

平距离超过 110 千米,可能需要借助一副比较好的双筒望远镜才能看到。飞行过程中,三名宇航员被火箭加速过程中产生的四倍重力（4g,g 为重力加速度）的过载紧紧地压在座位上。四分钟后,一级火箭发动机关机,火箭结构产生了轻微的膨胀,宇航员胸口受到的过载瞬间消失；随后,一台小型发动机点火,另一台爆破装置切断两级火箭之间的连接,一级、二级火箭平滑分离；紧接着,二级火箭点火,火箭再次加速。阿波罗 16 号宇航员肯·马汀利（Ken Mattingly）描述说,整个飞行流程"让人记忆犹新"；阿波罗 10 号的宇航员汤姆·斯塔福德（Tom Stafford）回忆道:"飞行过程真的是环环相扣、有条不紊。"弗雷德·海斯（Fred Haise）在阿波罗 13 号飞行时说道,"我以为我在全程盯着仪表盘（明确地感知飞行步骤）。"

二级火箭的加速过程对宇航员产生的过载有 0.5g ~ 1g,这种过载会一直持续到发射后的十分钟左右。阿波罗 11 号此时的高度约为 190 千米,在大西洋上空以 23500 千米 / 小时的速度飞过 1860 千米。此时即便有再强大的望远镜,现场的观众们也看不到火箭的任何踪迹了。巨大的一级火箭煤油燃烧产生的是黄色尾焰（见图 3.3）,而第二级和第三级的液氢燃料燃烧产生的是几乎看不出颜色的清洁尾焰（见图 3.4）。二级火箭的加速过程相对温和,但是在一些其他型号的阿波罗飞行任务中（在阿波罗 11 号任务中似乎并不明显）,也出现过一些"值得关注"的现象。阿波罗 8 号和阿波罗 13 号都曾出现飞行中火箭上下晃动的现象,看起来同弹簧单高跷（pogo stick）的运动形式很相似,因此被称为"跷振（pogo）"效应。1968 年试飞的无人飞船阿波罗 6 号在发射时,一级火箭产生了跷振,阿波罗 6 号险些因此解体。科研人员们在此后的火箭设计过程中尝试过很多优化方法，但始终没有将跷振现象完全消除。

（图源：NASA）

图 3.3　此照片是在一架空军飞机上拍摄的，
火箭看上去像是在驾驭着煤油燃烧产生的黄色火焰飞行。

（图源：NASA）

图 3.4　在 67 千米的高空，图中右侧的二级火箭的液氢燃料被点燃，
呈现出无色的火焰（只能看到淡淡的蓝色激波）；图中左侧的一级火箭被抛落，
仍在持续燃烧剩余的推进剂。

火箭第二级推进过程中，宇航员终于可以透过舷窗看到外面的景象了。在这之前，他们只能坐在指令舱座位上，背靠地板、望向窗外，透过舷窗看着一片空白的内壁（阿波罗船舱保护罩，用于在火箭起飞的前几分钟防止空气摩擦致使飞船过热）。保护罩上方是针型发射逃逸系统，如果一级火箭出现问题，逃逸系统将持续点火 8 秒，以 7g 的加速度拉动飞船脱离火箭主体，并借助降落伞在地面着陆。

当二级火箭点火后，发射逃逸系统上方的小型火箭会拉动逃逸系统及保护罩与土星五号分离，这时窗外的景象便可一览无余。阿姆斯特朗当时证实了这一点，他报告说："休斯敦，请注意，我们能看到外面了。" 而柯林斯则描述得更加详细："太好了，他们终于给我一个能看到外面的窗子了。"五分钟后，他用他的新视角观察了下面的天气："好极了，今天的天气真不错，雷雨区域就只有一点。"

一级火箭早已落回大气层，二级火箭在完成使命后的分离过程中，几乎没有带来任何扰动，火箭第三级随之启动。此时火箭的质量只有起飞质量（3000 吨）的 1/16 了。因此，第三级火箭只需要用一台 J-2 发动机便足以使飞船以 0.5g（g 为重力加速度）的加速度沿水平方向加速两分半钟，直至加速度到 28000 千米 / 小时并爬升到 190 千米的轨道高度。①

在执行阿波罗 11 号任务的过程中，尼尔·阿姆斯特朗报告说："土星火箭带给了我们一段壮丽的旅程，我们对每一级火箭的飞行都没有

---

① 由于航天器已经在轨飞行，此时的速度被称为空固速度（space-fixed velocity）。而起飞初期速度的数值代表的是地固速度（Earth-fixed velocity），也就是相对于在地球上固定的发射平台的速度。

任何抱怨之处。"之后他也向飞行控制中心报告,每级火箭运行的末期都没有产生扰动(更准确地说:"没有任何干扰飞行的瞬变过程")。

阿波罗 11 号在和土星五号保持连接的情况下,绕地球轨道运行了大约两个小时,围绕地球飞行了不到两圈。这段时间内,宇航员们一直在对设备进行检查,并利用控制中心发出的无线电指令更新飞船计算机的配置信息。地面和飞船之间的通信链路断断续续,特别在广阔的海洋上方信号还会中断,这让天地之间的交互过程变得十分复杂。火箭在太平洋上空沿着东北方向飞行,当他们第二次飞向美国西海岸时,三级火箭的 J-2 发动机再次启动,这时他们将正式奔向月球。发动机启动之前,飞船内处于失重状态,舱内悬空物体都飘浮在空中;突然,漂浮的物体掉了下来,宇航员们才意识到是发动机再次启动了。发动机产生了 0.5g 的加速度,持续了大约 6 分钟,推动阿波罗飞船加速到将近 40000 千米 / 小时。虽然这个速度还不足以让飞船完全摆脱地球引力的束缚、飞向恒星,但三级火箭本身是具备这个能力的。目前的速度可以使阿波罗飞船飞掠月球,但是如果没有被月球成功捕获,它仍然可以被地球引力拉回到地球附近(这种情形在第二年的阿波罗 13 号任务中就发生了)。

奥尔德林、阿姆斯特朗和柯林斯分别是第七、第八和第九个踏上这条奔月轨道的人。柯林斯还特别强调了脱离地球进入另一个天体的引力范围的重要性,他在自传中写道,阿波罗 11 号飞行中看似平淡的对话背后却有着非比寻常的含义:

控制中心:"你们即将进入地月转移轨道(TLI, trans lunar

injection）。"

柯林斯（于阿波罗 11 号）："谢谢。"

到达月球需要三天的时间，宇航员们在旅程刚一开始就进入到忙碌的工作中。目前飞船和土星五号第三级火箭依然保持连接，宇航员们不仅需要将二者分离，还要从火箭的茧状保护外壳中抓取登月舱。在此之前，登月舱被茧状外壳保护着，避免了穿越大气层时的颠簸和火箭发动机燃烧及喷射引起的冲击。

让我们回顾一下到目前为止参与飞行的各种组件。土星五号的第一级和第二级火箭已经分离并落入大海，只剩下第三级，第三级火箭顶部的茧状保护壳内是登月舱。再上面的依次是服务舱和指令舱，宇航员们就坐在指令舱内。现在，三级火箭已经完成了加速飞船使其飞向月球的使命，接下来就要摆脱以减少无效的自重，并让剩下的指令舱、服务舱和登月舱结合成为独立的飞行器。指令舱和服务舱从一开始就是紧紧连在一起的，而登月舱则需要从保护外壳中分离出来。宇航员要将指令舱和服务舱与火箭解锁，调转方向，再一点点将二者接近直至与登月舱对接。当对接机构发出"咔哒"声时，他们距离火箭只有咫尺之遥，并将与登月舱共同开启下一段旅程（见图 3.5）。

火箭为登月舱单独设计的保护壳看似多此一举，实际上却是源于一个事实：在月球着陆的质量每增加 1 千克，运载器就需要增重 500 千克——除了火箭一级、二级和三级需要更多燃料，登月舱的减速和着陆过程也需要耗费额外的燃料。增加保护壳可以让登月舱免受发射阶段的冲击和振动的影响，进而降低登月舱的结构强度要求，达到减重的目的。

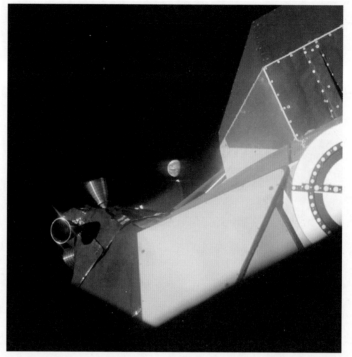

（图源：NASA）

图 3.5 越过连接在阿波罗飞船上的登月舱回望地球，踏上奔月之旅。

以阿波罗离开地球时的速度（将近 40000 千米 / 小时）来估算，到达月球的时间大约是三天后。虽然它以很高的初速度驶向月球，但地球的引力作用会使飞船不断减速。在接近月球的过程中，地球的引力减小、月球的引力增加；两天半以后，飞船行驶到距离月球大约 56000 千米的位置时，两个天体的引力达到了平衡。此时飞船的速度已经降低到初始速度的十分之一，但仍然有 3200 千米 / 小时。飞过该点之后，月球的引力超过地球的引力，飞船开始再次加速。

接近月球时，阿姆斯特朗看到了整个任务中让他印象最深刻（他后来提到）的一幕——穿越月球的阴影区，也就是月球挡在了太阳前面。此时月球距离他们仅有 19000 千米，黑暗中巨大的一片月球表面景象在视野里若隐若现。太阳光从月球边缘穿过时产生的光晕，让宇航员们感到神秘而恐怖。此时月球表面仅被地球反照光（来自地球的光）照射，但这也足以让他们辨认出月球表面的陨石坑。

此外，当太阳被月球挡住时，宇航员们也是第一次能够清晰地观察星空。在此之前，飞船上反射的太阳光十分炫目，很难看到星星，也很难看清月球上的细节。

14 个小时后，飞船抵近月球，受月球引力的影响，飞行轨道变为一个紧贴月球的弧形。飞船在月球背面飞行时，他们看不见地球，也和地球失去了联系，此时飞船速度已超过 8000 千米 / 小时。

服务舱与指令舱

让我们仔细研究一下他们所乘坐的飞船。在大多数航程中，指令舱和服务舱都是联结在一起的。只有当他们以 40000 千米 / 小时的速度重新进入地球大气层时，服务舱才会被抛掉。也就是说，在他们为期一周的月球往返之旅的最后一小时，宇航员才完全依赖指令舱生存。因此，在这里我们将这两个舱合称为指令 / 服务舱（Command and

Service Modules，以下简称 CSM，见图 3.6）。

（图源：NASA）

图 3.6　处于月球上空的登月舱（阿波罗 15 号，1971 年 7 月）拍摄到的
指令舱与服务舱组合体。指令舱是顶部的金色圆锥体；其余部分是服务舱，
底部是发动机喷嘴。近似的比例尺在顶部给出。

　　宇航员们在 CSM 中居住、休息、做饭、吃饭、工作以及航行——
这是集合了迷你型的住宅、办公室、代步车等多功能合一的场所。不
同的是，它还要为宇航员们提供可呼吸的空气（供应氧气、吸收二氧
化碳），提供食和水，执行废物收集和垃圾处理，供给飞船燃料，
提供广播和电视服务等。所以它就是一个完整的世界——一个只维持

一周的世界。

　　CSM 必须尽可能采用轻量化的设计才能更容易地加速至 40000 千米 / 小时，这给设计和建造增添了难度。为了确保方案最优，NASA 评估了好几家公司的设计方案。评估小组更倾向于马丁公司（Martin Company）提出的方案，但 NASA 局长詹姆斯·韦伯和其他两名副手决定将合同交给评估排名第二的北美航空。耐人寻味的是，三个月后，北美航空将一个投币式自动售货机的合同交给了一家名为 Serv-U 的公司，该公司的所有者之一鲍比·贝克（Bobby Baker）是参议员罗伯特·科尔（Robert S Kerr）的门生，而罗伯特·科尔又是 NASA 的前任局长。

　　有评论称詹姆斯·韦伯之所以选择北美航空，是因为他和罗伯特·科尔的私人关系，这一点也成为了 1963 年参议院规则委员会对鲍比·贝克发起调查的主题。但不可否认的是，承包商为研发工作付出了辛勤的努力。然而该事件仍然在不断发酵，并因 1967 年 1 月 27 日的悲剧事件达到了高潮。当时的阿波罗 1 号飞船还有一个月就要发射，在肯尼迪角的土星 1B 火箭上进行试验时，舱内意外失火，三名宇航员格斯·格里森（Gus Grissom）、罗杰·查菲（Roger Chaffee）和爱德华·怀特（Edward White）因此牺牲。事故调查人员发现，北美航空犯下了一连串的错误，包括并排放置裸露的电线、使用劣质材料、执行危险操作等。除了做工不良之外，CSM 的设计也不够安全，比如宇航员无法在危急时刻及时撤离。NASA 同样对设计失误负有一定责任，因为 CSM 只有得到他们的批准才能开展建造。

　　此次事件后，北美航空仍继续作为承包商，但他们必须对 CSM 的设计进行详细的优化改进，更重要的是改善工程管理，确保最终设计出来的 CSM 有效且安全。让我们更仔细地看看它们到底生产了什么。

服务舱

服务舱有一台大型火箭发动机和几台小型发动机，以及燃料箱、液氧储箱、水箱、发电设备（氢燃料电池）、射频设备和其他电子设备。它同时也是发动机舱，也用于安置指令舱。

虽然服务舱的发动机比土星五号发动机的动力要小很多，但是仍然能够产生将近 10 吨的推力。它以降低故障发生的可能性为设计宗旨，在几个方面实施了简化和改进。第一点，也是最重要的一点，发动机采用的燃料不需要点火。推进剂（偏二甲肼）与氧化剂（四氧化氮）一旦接触就会爆炸，从而产生推力。这些危险的化学品对于大多数人来说是少见的，因为它们具有极强的腐蚀性和毒性，危险性极高。第二点简化方案是省去了将燃料送入发动机的泵——这类泵件始终是潜在的安全隐患。在失重条件下，燃料不会自己流进发动机，而是需要被推进发动机中。服务舱发动机的燃料供给，是通过燃料箱中的氦气加压实现的，氦气对柔性的膜片施加恒定的压力，从而将燃料挤出燃料箱。位于卡纳维拉尔角的土星五号顶部的服务舱，搭载的燃料质量约为 16 吨，占舱体总重的三分之一。

服务舱和指令舱采用氢燃料电池，自身能够发电。早期的水星和双子座（Gemini）飞船都使用蓄电池，但是阿波罗号的飞行时间相对较长，不能采用普通蓄电池。之所以采用燃料电池，不仅因为每组燃料电池都可以提供高达千瓦的功率，而且燃料电池还会产生副产品——

水，这些水可以用来保障饮用和清洗等日常生活需求（在催化剂的作用下，氢气与氧气混合，可以产生电能和水）。任务期间，飞船通过这种方式生产了约 190 升的水。

宇航员需要足够的空气或者氧气来维持生命。在发射平台上，飞船内是富氧组分（氧气／氮气为 60/40）版的佛罗里达空气，而正常空气的组分为氧气／氮气为 21/79。当火箭将阿波罗送入轨道时，氮气被逐渐排出，纯氧压力只有标准大气压力的 1/3，但也足以维持机组人员达到正常血氧水平。宇航员们需要在发射前三个小时开始吸入纯氧，以排出血液中的氮气，才能避免因压力降低而导致的减压病。指令舱中较低的内压也有助于减小舱体壁厚，从而减轻质量。

服务舱内的环境控制系统会将指令舱中的气压维持在恒定的水平，同时将舱内的空气通入氢氧化锂罐，经过一系列神奇的化学反应后，二氧化碳被吸收，经过处理后的空气再被抽回舱内以重新利用。对于一名潜水员来说，平均每小时就要消耗一罐空气，而等量的氧气却能在阿波罗号飞船内使用 15 小时。服务舱本身没有加压（为了减轻自重）——舱内的空气将会逐步地被释放进太空中去，因此所有设备必须支持在真空状态下运转。

温度控制是另一件让人头疼的事情。航天器受照面的温度将会达到 200℃，是水的沸点的两倍之高，而背阴面温度只有 -150℃。因此，航天器的一侧温度会过高，另一侧温度会过低，而指令舱和服务舱内部又必须保持正常的室温水平。为了减轻质量，飞船没有在外部添加特殊的反射和绝缘热涂层，而是在整个飞行过程中缓慢旋转，各面交替受照，避免局部过热或者低温。这种做法就像在旋转烤肉一样，可以确保机组成员和设备在飞行过程中"烤"的火候恰到好处。这种做法还会带来另一个好处：对于宇航员而言，窗外的视野一直在变化。

服务舱中的无线电和其他电子设备是任务中非常关键但又容易被忽视的部分。现在我们的智能手机里都会有一个惯性测量单元，可以判断手机的方向并自动旋转屏幕画面，当时的服务舱中搭载的正是这种微型测量部件的"笨重"版。此外，还有一些装有相机的小型望远镜，可以探测指定的天体，比如恒星、太阳、月亮以及地球地平线等。有了这些信息，导航计算机就可以计算出航天器的指向，并根据需要调节惯性测量单元。目前市面上的智能手机和平板电脑的应用程序（例如 SkyView）都可以使用几乎相同的技术来识别夜空中的某个星球。

导航系统原本是在麻省理工学院（MIT）和传奇教授查尔斯·史塔克·德雷珀（Charles Stark Draper）的联合主持下，为海军"北极星"（Polaris）潜射导弹研发的。在过去的三十年中，查尔斯教授构思并攻关了其中的关键技术。尽管同根同源，但是阿波罗导航系统的版本比北极星上的要复杂得多（北极星的飞行过程持续不到 20 分钟，而且轨道离地球很近），这也得益于计算机处理能力的与日俱进——尽管当时计算机的处理能力与现在的相比仍然微不足道。

导航计算机不但可以使飞船驶向正确的方向，理论上来讲还可以基于望远镜和惯性测量的结果来操纵航天器。但实际上这只是一种备用制导方式，并且从未被使用过——没被使用是一件幸事，因为这种制导方法的精度并不高①。制导的最关键设备是雷达应答机，它可以让地球上的雷达测站跟踪到 CSM，也可以将地面上行的信息传递给宇航员。

我们通常理解的雷达原理，是通过测量地面上的雷达站发射的信号从发射到被测物体表面反射后再被雷达站接收所花费的时间，来判断目标物体的位置。在军事领域的敌对场景中，反射回波是从敌方设备表面反射的信号；在高速公路上测速雷达的工作原理也是类似的，行驶的车身反射来自交警或高速门架上的雷达枪的信号。假如被测的车辆与你之间并不是"敌对"关系，在接收到你的信号之后不是单纯地反射它，而是将之增强后回传，你甚至可以得到一个更强的回波信号。反射信号的增强，将有益于跟踪距离更远的目标。这项技术经常在民航领域中使用（实际上也是强制性使用），来确保空中交通管制员获得包括飞机的位置、速度和飞行方向的准确信息。海上的船只也是如此，尤其是港口附近的船舶定位也是使用同样的原理。太空中飞行的"船"也与地面雷达合作，重新发送雷达信号，因此可以在数千千米甚至数百万千米的距离外被地面追踪。

飞船上将雷达信号重发的设备称为应答机——发射机/应答器。借助应答机，休斯敦任务控制中心可以在功能更强大的地面计算机中处理所有的雷达数据，并将详细信息传送到指令舱供宇航员导入到导航计算机中。

---

① 我在休斯敦的TRW公司领导了一个小团队，分析了阿波罗8号、10号、11号和12号任务中相关测量数据的准确性。研究结果证实，不使用CSM的传感器和计算机来进行导航是一个正确的决定。

指令舱

对于处于指令舱内部的航天员而言，生存的空间是很狭小的，而且食物资源也远远不及地球。经过这次任务，三名宇航员的体重都减轻了不少：阿姆斯特朗瘦了 4 千克、柯林斯瘦了 3.5 千克、奥尔德林瘦了 2.8 千克。至于住宿条件的话，也很好讲——因为什么都没有，连盥洗室也没有。

指令舱有的，只是三个座位、五扇舷窗、一个舱门、一个复杂的仪表盘（见图 3.7）、一个可移除的对接装置以及能让阿姆斯特朗和奥尔德林爬进登月舱的连接通道——这有点像一个人由汽车的后备厢通过一个连接管爬到后面连着的拖车里一样，而汽车还在以惊人的速度行驶。①

指令舱的外形是一个圆锥体，锥体尾部几乎是平的，锥体的部分结构采用加固设计以承受返回大气层时 40000 千米 / 小时的时速。在发射平台上时，三名航天员虽然受到地球引力作用，但在舱内还是处于仰卧的姿势，目视前方（实际上是上方）圆锥体的尖端。当进入失重状态后，已经没有上下之分，坐在地板上也就没什么感觉了。

指令舱的圆锥包络尺寸直径约 3.6 米、高约 1.8 米，除去设备占用还有大约 6 立方米的剩余空间，比一辆大型汽车的内部空间还要大。

---

① 读者可以通过指令舱实物来了解相关结构。共有十六个指令舱从太空返回，目前它们被收藏于美国和其他国家的博物馆中。

阿波罗指令舱主控面板

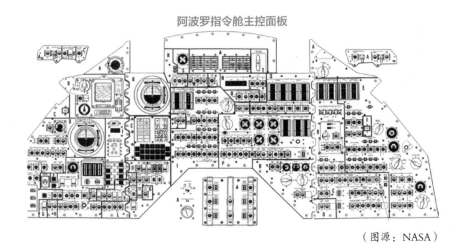

（图源：NASA）

图 3.7 按钮、表盘、开关、操纵杆、指示灯和小型圆形显示器组成了一个复杂到令人难以置信的仪表盘，而宇航员们要在上面准确地操作。总体飞行控制功能在左侧区域，主机和电源相关功能在右侧区域，空调和精确制导功能在中间区域。

前文中我们讲到，我们与宇航员失去了联系，他们飞到了月球背面，也看不到地球。沿着飞行轨道，他们抵达距离月球表面不足 148 千米的位置，发动机在此启动 6 分钟，并使飞船速度降低了 3200 千米 / 小时，消耗了近 11 吨燃料（CSM 的质量减少约 40%）。如果此时发动机没有启动成功，最坏的后果就是飞船绕过月球后被径直拉回地球。机组人员在发动机启动时能明显感觉到背部受到了反推力，6 分钟后他们重回失重状态，他们也因此感知到了发动机停止工作。可是对于休斯敦任务控制中心而言，只能焦急地等待 CSM 从月球背面出现，才能确定发动机是否完成了任务。

飞船已经进入了环月轨道。当他们第三次飞过月球背面时，发动机再次点火 17 秒，CSM 运动到与两个月前发射的阿波罗 10 号近乎相同的轨道上。这让他们在距离月面约 105 千米的高度疾驰而过，透过舷窗，宇航员已经可以清晰地看到月球上的环形山和山脉。

他们总共绕月飞行了 13 圈，为着陆做准备。阿波罗 10 号曾经在 5 月份提前做过探索，发现月球的引力会使飞船偏离设计轨迹达数千米。参考阿波罗 10 号的轨迹，阿波罗 11 号的机组计划重复阿波罗 10 号的路线，因此接下来的轨道是可预测的。

绕月的 13 圈飞行中，每圈大约需要两个小时，因此登月舱在准备好与 CSM 分离并前往月面着陆之前，时间已经过去了整整一天。迈克尔·柯林斯会独自留在 160 千米轨道高度的 CSM 中继续飞行，而阿姆斯特朗和奥尔德林会执行登月任务。

如何在月球上着陆（以及返回）

早期的科幻小说中描述月球旅行的故事，曾经设想过一种可以直接从地球飞向月球再回地球的火箭（见图 3.8）。既然如此，为什么还要设计得这么复杂，让登月舱和 CSM 分离呢？归根结底还是为了省钱。想要直接前往月球，需要从地球上发射一枚巨大的火箭，其大小会是土星五号的两倍甚至更多。当时的土星五号已经远远超出了（土星五号问世）之前的运载能力，若是建造直接发射到月球的运载器，所需花费的资金难以计算，研制周期也无法确定，这样的庞然大物能不能造出来还是个未知数。

早期阿波罗的设计师们一直在研究完成登月的最佳方案。初步达成的共识是：如果无法制造足够大的火箭，则可以利用几枚土星五号火箭在太空中组装成月球飞船，这可能需要发射两枚或者三枚土星五号。冯·布劳恩是这种思路的支持者之一，这与他后来提出在地球轨道上建立空间站作为深空探测中转站的构想一致。在地球轨道上组装一架登月飞船只是一种早期的验证，他希望这一构想能成为火星以及其他深空探测的一种通用方法。

图 3.8　早在阿波罗诞生一百年之前（1865 年），法国小说家儒勒·凡尔纳（Jules Verne）设想了人类如何到达月球。他提出了一种非常大的枪，能发射一个炮弹形式的太空舱，载着宇航员飞向月球。后来，苏联的航天之父康斯坦丁·齐奥尔科夫斯基（Konstantin Tsiolkovsky）认识到凡尔纳的想法是行不通的，但他还是受到了小说的启发，对航天和火箭科学进行了深入的分析，并于 1903 年发表了开创性的研究成果。

并非所有人都认可这种思路。有些人表示反对,因为他们觉得这是一个昂贵、冒险且漫长的计划。在轨组装大规模、高风险、复杂、精密的设备是一个完全未经验证的想法,因此一些评论认为这纯属天方夜谭。即使是态度相对乐观的人,也觉得在 1970 年前实现这一想法的可能性极小。

而最初的替代方案听起来更加奇特,甚至有点匪夷所思:即让火箭直接发射进入环月轨道,让 CSM 继续绕月飞行,释放一个小型航天器登陆月球表面,小型航天器完成任务后返回 CSM 与之结合,最后返回地球。这样就避免了将一个重型的航天器降落在月球,因为重型航天器必须携带足够的燃料才能将自身推离月面、摆脱月球的引力束缚从而返回地球。

这场争论是在 1960—1962 年发生的,当时还没有航天器在地球轨道上实施过交会对接(直到 1965 年 NASA 的双子星 6 号和 7 号双重任务才正式实施),因此设想这一切可以发生在月球轨道上似乎是一种幻想——客气点说就是"野心"太大了。

但是数量上却有了极大的改观。采用这种思路,阿波罗任务可以通过只发射一次土星五号来完成,而不需要两次或者更多。一定程度上讲,这将使任务的成本减少一半!而且在月球轨道上的交会对接问题除了存在一些计算方面的挑战,这一技术路线不再需要其他的原创新技术,因此最有可能满足 1970 年的时限要求。

最终冯·布劳恩意识到在月球轨道实施交会对接就是最佳方案,那么接下来要做的就是如何解决这个问题。只用一枚土星五号的方案成为了目标方案，登月舱的方案应运而生。1962 年 11 月，也就是做出此决定的四个月以后，格鲁曼航空工程公司（Grumman Engineering Corporation）被选作登月舱的主要承包商。

　　只发射一枚土星五号的决定，使登月舱只能作为一个独立的航天器来开展设计（见图 3.9）。这种伸着细支架的航天器既不简洁也不舒适。两名宇航员将在里面生存一天（在最后几次任务中提升到超过三天，即阿波罗 15 号到 17 号），因此舒适程度的优先级被降到最低。舱内没有座位，他们必须站着操作登月舱，想睡觉的话能靠着就不错了。即使这样登月舱的技术难度其实依旧很高。

（图源：NASA）

图 3.9　登月舱伸出细支架的部分留在了月球表面，而顶部搭乘宇航员的
　　　　舱体具有火箭发动机，可返回环月轨道与 CSM 对接。

下降到月球表面的火箭发动机非常先进。通常情况下，火箭发动机只有开关两种状态，但是在着陆的任务要求下，发动机的动力输出必须可调节，才能使登月舱可以更快或更慢地下降，甚至实现悬停。[①]

实际上，登月舱由两部分组成，分别是着陆器和上升器，每个部分都有独立的火箭发动机。因此，从月球上起飞的那部分必须尽可能缩减质量，才能重回环月轨道与 CSM 对接。着陆时用的支架、发动机和燃料箱，测量和月球表面距离的高度计，摄像机和通信设备，背包、垃圾等，都会被留在月球表面。

但是首先，宇航员要确保安全地从环绕月球飞行的 CSM 中抵达月球表面，也就是要实现登月舱的软着陆。

爬入登月舱后，阿姆斯特朗和奥尔德林驾驶登月舱与 CSM 分离，并启动了下降发动机。当他们远离 CSM 和柯林斯时，阿姆斯特朗拖着长音而又言简意赅地说"雄鹰展翅啦（the Eagle has wings）"，"鹰"指的是机组人员为"登月舱"起的名字。CSM 中的柯林斯开玩笑回应说，他们是倒着飞的，而阿姆斯特朗也不甘示弱："嗯，确实有人倒着飞了。"

---

① 权利声明：该发动机当时是由TRW公司设计和制造的，TRW公司也是笔者所在的公司。

第 4 章

"鹰"的旅程

1969 年 7 月 20 日，阿波罗 11 号登陆月球，这是人类首次踏上另一个星球。照片是由任务指挥官尼尔·阿姆斯特朗在登月舱外活动时拍摄的，画面中的宇航员是巴兹·奥尔德林。奥尔德林刚刚部署完科学实验设备，最右边的航天器正是登月舱——鹰。

图 4.1 展示的是阿波罗 11 号任务的徽章。之所以选择一只鹰作为徽章图案，主要是为了强调这次任务属于美国。这个徽章还有一个与众不同之处，就是极为罕见地没有体现宇航员的名字（这也是阿波罗计划中唯一一个这样做的徽章）。这主要是听从了柯林斯的建议，他主张把这份无上的荣誉归功于成千上万个为此次飞行贡献智慧和力量的人。

（图源：NASA）

图 4.1 美国鹰象征着阿波罗 11 号任务，"鹰"也被用作登月舱的名称。

在飞行了大约半个轨道之后，登月舱从 6035 千米 / 小时减速至 660 千米 / 小时，高度一直下降到 3 千米。

下降初期，登月舱的底部是朝向飞行方向的，所以操纵登月舱的阿姆斯特朗看不到地面——登月舱最初速度约 6000 千米 / 小时，直到下降到离地面 3 千米以内,飞行速度降至约 650 千米 / 小时,登月舱才开始调整舱体姿态,使其缓慢竖起来,并继续下降(见图 4.2)。大约下降到离地面 150 米高度时,登月舱已调整为完全竖直状态,宇航员脚朝下(月面),时而快时而慢地垂直下降,但过程十分缓慢(见图 4.3)。阿姆斯特朗和奥尔德林此时发现,他们正在经过之前所不熟知的环形山,这既让人惊喜又令人担忧。阿波罗 8 号和 10 号的宇航员曾带回预定着陆地点和着陆路线的高清特写图片及视频,其中几十个容易识别的环形山或环形山群已经铭刻在阿姆斯特朗和奥尔德林的记忆之中。

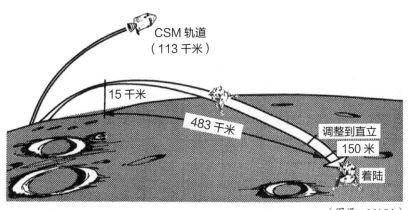

(图源:NASA)

图 4.2 当登月舱从月球背面突然出现时,登月舱已降至 3000 米的高度,并已被上方的 CSM 超越。登月舱的支撑脚一直朝向前方,利用发动机实现减速。在距离地面约 150 米高的时候,登月舱调整为直立状态,这样航天员就可以看到下面的月面了。

多年以前,约翰尼斯·开普勒(Johannes Kepler)和艾萨克·牛顿(Isaac Newton)曾经计算出,环绕月球或行星的飞行轨道是椭圆形的——一个细长的圆形。如果月球是一个完美的球体,没有凸起和坑洼,那么这个计算结果是准确的。但是我们在地球上也能看到,月亮表面是凹凸不平的，因此月球引力场分布很不均匀，卫星的实际轨道就从一个规则椭圆变成会摇摆的椭圆。

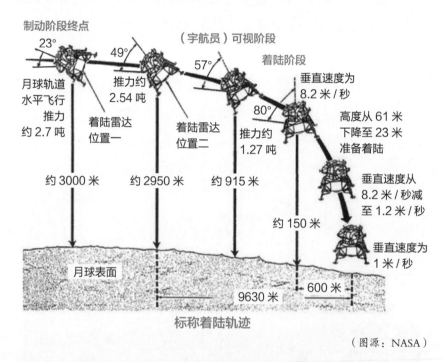

（图源：NASA）

图 4.3　这张图片示意了登月舱"理想"的着陆方式——从约 150 米的高度（几乎）径直向下。但是实际上，阿姆斯特朗像驾驶直升机一样操纵着登月舱，寻找平坦、无巨石的着陆区域。

1966 年和 1967 年，NASA 的 5 枚月球轨道无人探测器在绕月飞行时拍摄的月球照片，证实了月球表面一点也不平坦，而且可以肯定的是，月球表面的凹凸不平也使探测器的飞行轨迹发生了扭曲。当探测器离月球表面最近时，这种影响也最为明显，这个最近的位置被技术人员称为"近月点（perilune）"，所以这种影响也被叫作"近月点蠕动（perilune wiggle）"。科学家与工程师们给这种现象起了这样一个形象的名字,是为了将其变得通俗易懂,但事实上,这是一个令人担忧的大问题。

阿波罗 8 号和阿波罗 10 号已经尽可能地沿着阿波罗 11 号的计划轨迹飞行,从而预测阿波罗 11 号的实际轨迹将会如何"蠕动"。然而,三次任务的轨道都产生了不同程度的变化,这可能是由于三次绕月的路径并不是完全一致的,因为即使出现微小的轨道差异都会导致显著的引力变化。

近月点蠕动导致了如下结果:在登月舱与 CSM 分离并着陆之前,CSM 已经绕月飞行了 13 圈。在第 12 圈时,任务控制中心向 CSM 发出指令,启动发动机并调整轨道,以便在下一圈飞行时抵达准确的位置释放登月舱。看起来,任务控制中心提前一圈(两小时)准确预测 CSM 的轨迹似乎并没有太大难度,但在当时情况下,近月点蠕动的影响使之变得不可能。实际情况是,当登月舱"在环形山的围绕中下降"时,正如阿波罗 10 号的吉恩·塞南所说,航线已经偏移了几千米,他们根本找不到自己的位置。塞南形容自己当时深陷"巨石之中"(实际上他们还在巨石上方约 16 千米处)。无独有偶,阿波罗 11 号的宇航员也发现自己处于一个未知的巨石区域中,阿姆斯特朗必须飞出巨石区域,才能找到一个相对平坦的地面降落,而这样做的后果就是消耗了大量的备用燃料!

实际上,阿姆斯特朗和奥尔德林的最终着陆点在偏离预定着陆点以南 3 千米、以西 6 千米的地方。 这也再次印证了月球表面的不规则性对低空飞行的航天器的轨迹会产生很大的影响。

NASA 花了好几年的时间才证明：近月点蠕动是一种引力作用而非其他原因。1967 年，当他们首次发现蠕动现象时，曾经设想过很多原因，有的浮于表象，有的异想天开。比如，雷达太靠近月球表面导致信号被月球表面反射，使雷达发生了一点小故障；或者是月球的一些固有属性使雷达数据变得混乱；再或者是爱因斯坦的广义相对论还不能被完全解释。

1968 年，位于洛杉矶附近的喷气动力实验室（Jet Propulsion Laboratory）的两位科学家——法国人保罗·穆勒（Paul Muller）和美国人比尔·约格伦（Bill Sjogren），终于给出了令人信服的答案。他们在月球地图上标记出月球轨道上卫星的实测速度出现不规则变化（即蠕动）的位置，让人意想不到的是，最显著的不规则变化发生地点竟是在月球大圆形地貌（也就是被称作月海的地方）的上空。最大的两个圆形地貌就像是月球的两只眼睛（从北半球看过去）——分别是澄海（Serenity）和雨海（Showers）。其他的圆形地貌还有危海（Crisis）、酒海（Nectar）和湿海（Moisture），以及在月球东部边缘露出来一点的东方海（Eastern）。[①] 呈现出的圆形是因为它们曾被来自外太空的巨大天体所撞击，撞击后整个天体被深埋在月壤中，致使月壤深处的重物质上升到月球表面。这些撞击的发生时间远在 40 亿年前，但与地球不同的是，月球没有发生板块运动将这些物质融合在一起。月球表面众多环形山也是圆形的，这也是来自外太空的天体撞击导致的，但是和月海相比规模上差了很多，因此没有释放出高密度的物质，这些微

---

① 它们的拉丁语名称分别是Serenitatis, Imbrium, Crisium, Nectaris, Humorum和Orientale。

弱的引力效应也无法被探测到。

穆勒和约格伦绘制的地图显示，重力异常区域（即众所周知的"质量瘤"）引起了轨道蠕动现象，但当时的地图格式还不能直接用于计算机编程。直到 20 年后，基于更多卫星绕月运行的数据和强大的计算机运算能力才得到一个数学方程式，该方程既包含了重力变化的细节，又可以直接应用于计算机分析。按现代标准来看，1969 年登月舱携带的计算机运算能力很弱，只能处理非常简单的月球引力公式。虽然任务控制中心的计算机更好一点，却仍缺乏一个满足要求的重力公式。[①]

事实上，在登月过程的第一阶段，处于登月舱内的阿姆斯特朗和奥尔德林是在"盲飞"。当登月舱以 4800 千米 / 小时的速度飞行在 15 千米的高空时，他们开始"刹车"，即他们将反推发动机指向前方并点火。他们站在登月舱内（注意，舱内没有座位），也是站在登月舱发动机的上方，因此当发动机指向轨道方向时，登月舱相对于月球水平面倾斜了 90 度。

起初，他们面朝月球表面，有些不安地注意到，一个名为马斯克林（Maskelyne W）的环形山比预期晚出现了 2 秒，这意味着他们距离预定轨道偏移了至少 3 千米（按航速推算）。随后他们翻转了登月舱，发动机仍然朝向前方，但是此时他们的脸却朝向太空，他们甚至瞥见了 40 万千米外的地球。这意味着当他们刹车结束转回直立时，他们将面向前方并可以看到着陆点。与此同时，登月舱的着陆雷达指向下方，

① 我在休斯敦 TRW 公司的团队是在 1968 年花费大量的时间尝试建立月球引力模型和雷达数据变化之间匹配关系的几个团队之一，我们曾试图找到能够提前 2 个小时预测 CSM 轨道的方法，但并没有成功。

可以告诉他们离月球表面还有多远。

制动减速过程持续了 400 千米，此时他们距离月球表面超过 4 千米，飞行速度约为 1000 千米/小时。现在，他们将登月舱调整为竖直状态，并开始下降。在 2.1 千米的高度时，登月舱以 80 千米/小时的速度前进，此时他们已经可以看到目的地了。

任务结束后，阿姆斯特朗回忆说，当下降到 600 米的高度时，计算机发出了一系列警报，此时他们才真正注意到降落区。有一个特别的警报（名称为"1202"，发音为"twelve-oh-two"）是之前模拟过程中从未出现过的，任务控制中心的大多数人对此感到非常困惑。

负责监视登月舱计算机的指挥员是斯蒂芬·G. 巴尔斯（Stephen G. Bales），他觉得由于软件一次执行了太多任务，使计算机发出了运行过载信号。如果警报频率不高，计算机将确定任务的优先级，优先处理着陆中的必要任务，而推迟执行其他次要任务。第一次 1202 警报是在制动开始后不久出现的，任务控制中心思考了 30 秒，回复道"我们就这样（伴随着警报）继续下降吧"，这意味着机组人员可以忽略这个警报。

15 秒之后，相同的警报声又响了起来，这时任务控制中心立马做出了响应——继续。三分钟后，登月舱下降到了 900 米以下，并以每 15 米/秒的速度继续下降，在随后的大约 30 秒内又出现了三次警报声：一次 1202、两次 1201。尽管任务控制中心毫不迟疑地给出了"继续"的指令，但是可以想象，阿姆斯特朗和奥尔德林在距离月球表面这么近的地方内心承受了多么大的压力。阿姆斯特朗后来解释，在模拟过程时的思路是，如果接收到比较严重的警报，将会终止任务，并启动发动机与 CSM 对接，不再实施着陆。这也是模拟训练的目的——练习应急操作。阿姆斯特朗回到地球之后回忆说："在模拟训练时，失败了很多次，我们通常会被弹力索拉回终止位置。而在当时的情况下，我们别无选择，只有冲向着陆点。"

后来他进一步解释道："当时的关键问题不是我们能否进入着陆区，而是我们是否还可以继续下去（由于计算机报警）。因此，我们的注意力仍然集中在解除警报，保持飞行，保证登月任务继续而不是终止。"

后来，奥尔德林承认警报或许是由他引起的，至少几次 1202 警报是他的责任（见图 4.4）。在 2006 年拍摄纪录片《月之阴影》（*In the Shadow of the Moon*）时，奥尔德林说他在降落过程中打开了交会雷达，而这项操作在飞行计划中是不需要的。所有的模拟过程中，都默认交会雷达是关闭的，因此从未因这一操作造成过计算机过载。当时奥尔德林的想法是，如果他们不得不终止登陆并返回 CSM，他们将需要交会雷达的协助才能正常返回。他或多或少有点担心登月舱很可能找不到 CSM，因此打开交会雷达至关重要。

他们已经降到了距月球表面 600 米的高度以下，阿姆斯特朗对下方的陆地状态进行了评估，情况并不乐观。阿姆斯特朗回忆道："当我们接近 450 米的高度时，程序警报似乎已经解除了，我们决定继续执行任务。我们可以看到着陆区了……它就在一个巨大的岩石环形山的附近（稍偏北一点），周围是一片突出月面很高的巨石区域。"此时只有阿姆斯特朗看到了这些巨石，奥尔德林正专注地盯着显示屏，向阿姆斯特朗报告高度、飞行速度和剩余燃料等数据。任务成功之后，数以百万计的人看到了阿姆斯特朗当时所看见的景象的录像，但在任务进行过程中，任务控制中心根本看不到这段视频，他们对阿姆斯特朗为何没有按计划着陆一无所知。这些岩石尺寸最大的有 3 米，这会对登月舱的降落造成麻烦。因此，在约 150 米的高度上，阿姆斯特朗代替计算机接管了登月舱的控制，以大约每小时 65 千米的速度手动驱动登月舱下降，在 90 米高处进入平飞状态。这一过程持续了约 30 秒，之后登月舱降落在了一个看起来很平坦的地方。此时登月舱剩下的燃料仅可维持 40 秒左右的飞行。

（图源：NASA）

图 4.4　巴兹·奥尔德林（Buzz Aldrin）进入登月舱内，
等待与 CSM 分离。几年后，奥尔德林承认自己无意间触发了计算机
警报信号，险些终止了登陆过程（详见正文）。

着陆过程非常平稳，奥尔德林评价说："与其说是降落，倒不如说是缓慢沉降。" 他们找到了一个几乎完全平坦的着陆点，登月舱与垂直方向仅倾斜了 4 度，这比之后的任何一次阿波罗飞行任务的倾斜角都要小，阿波罗 15 号甚至偏离了垂直方向将近 11 度，极为明显（见图 4.5）。阿姆斯特朗评价说，驾驶登月舱真的是一种乐趣——它就像一架飞机一样。

阿波罗 15 号（1971 年 7 月）

（图源：NASA）

图 4.5 与两年后的阿波罗 15 号（插图所示）不同，阿波罗 11 号着陆在相对平坦的静海区域，而阿波罗 15 号降落在哈德利月溪（Hadley Rille）附近的雨海，相对于垂直方向倾斜了约 10 度。

"休斯敦，这里是静海（Tranquility Base），鹰已着陆。"1969 年 7 月 20 日（星期日）中午 12 点 17 分 40 秒，这条信息传回休斯敦。从这一刻开始，尼尔·阿姆斯特朗说出的每一句话都将成为新闻焦点。

由于刚刚经历过警报和降落阶段的危急时刻，宇航员们仍然非常紧张，因此他们宁愿继续探索月球表面，也不想按飞行计划躺下来睡觉——所谓的"躺下来"，就是奥尔德林躺在随上升发动机的隆起而弯曲的地板上，而阿姆斯特朗坐在上升发动机外壳上（见图4.6），背靠墙面，腿由他临时绑在栏杆上的一条带子支撑着。月球的引力大约是地球的六分之一，宇航员的质量要轻很多，因此他们可以忍受不舒服的睡姿。在后来的阿波罗16号任务中，机组人员听取了休斯敦中心指挥员的建议，试图在出舱前睡觉，但很遗憾并没有成功。阿波罗16号宇航员查理·杜克（Charlie Duke）说"（当时）大脑在飞速运转……情绪激动。我们分泌了太多的肾上腺素，感觉坚持两天没有任何问题。"

他们在CSM中就换上了宇航服，并一直得穿到再次返回CSM——宇航服很笨重，穿起来很别扭，而且在登月舱里的狭小空间内根本不适合更换。这些宇航服在地球上重达80千克，在轨道上运行时当然是失重的。因为月球上的引力小，宇航服在月球上仅重16千克。在登月舱里，还需要穿戴的有头盔和手套，穿好之后他们就能在月球上漫步了。在登月舱里面就穿上宇航服还有一个好处，就是抵御飞沙走石的撞击——登月舱的外壁只有两三层厨用铝箔纸的厚度，仅为0.25毫米。

但是宇航服实在是太笨重了，使宇航员从CSM进入登月舱变得特别艰难，而且一旦登上月球，出舱爬梯子也很困难。奥尔德林就像跟盲人说话一样指挥阿姆斯特朗下楼梯，如"把你的左脚稍微向右移一下"等。最后，阿姆斯特朗终于宣布他站在了"门廊"上——他们这样古怪地称呼梯子最上面的一级。接下来，阿姆斯特朗小心翼翼地迈下梯子，最后的一小步直接从最低一级台阶上跳了下来，然后就"加

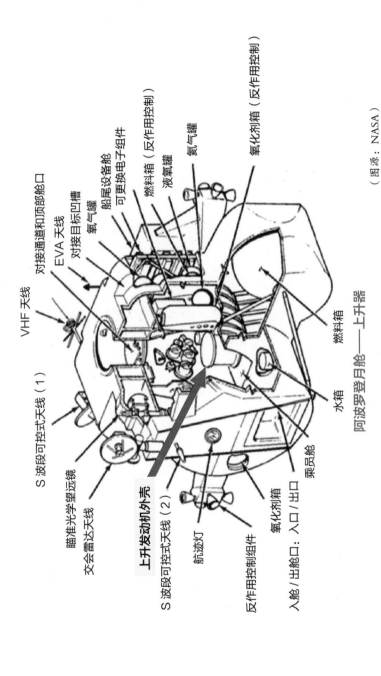

VHF 天线

对接通道和顶部舱口

EVA 天线

对接目标凹槽

氧气罐

船尾设备舱

可更换电子组件

燃料箱（反作用控制）

液氧罐

氨气罐

氧化剂箱（反作用控制）

S 波段可控式天线（1）

瞄准光学望远镜

交会雷达天线

上升发动机外壳

S 波段可控式天线（2）

航迹灯

反作用控制组件

入舱 / 出舱口：入口 / 出口

氧化剂箱

乘员舱

水箱

燃料箱

阿波罗登月舱——上升器

（图源：NASA）

图 4.6 图示为 2.3 米宽、1 米深的登月舱乘员舱，可以看到上升发动机鼓形外壳竖立在地板中间。就震安排：阿姆斯特朗位于发动机的上方，奥尔德林围绕着底座。

入了被永远铭记的语录"——"这是个人的一小步,却是人类的一大步!"(见图 4.7)让我们铭记这一历史时刻——1969 年 7 月 21 日,星期一,休斯敦时间上午 9 时 56 分。

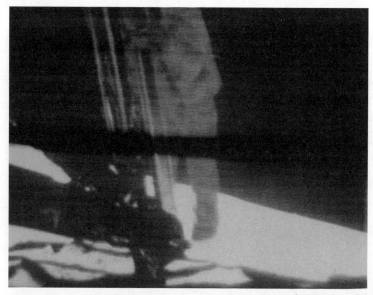

(图源:NASA)

图 4.7 这是一个从电视转播中截取的画面,地球上有数百万观众正在观看,画面中的阿姆斯特朗走下了梯子的最后一个台阶,到达了月球表面,他说:"这是个人的一小步,却是人类的一大步!"

视角切回到当时处在地球上的人。可能登月过程中最让人惊喜的,就是人们几乎能在世界上任何一个角落的电视上看到整个登月过程的直播。尽管肯尼迪总统在 1961 年承诺派宇航员("在十年内")登月并返回是出于短期的政治考虑,但他的功绩在于,他至少在一定程度上证明了"这一(太空)冒险将对全世界那些正在面临人生抉择的人的思想产生了重要影响。"在同一次演讲中,他提议资助一个契合这一宣传目标的计划——"加速使用人造卫星进行全球通信"。而这些通信卫星在 20 世纪 60 年代如期运营,并将阿姆斯特朗的"一小步"传播到世界上每一个对此感兴趣的地方。

这应该是当时收视率最高的节目了,保守估计全世界有六亿人通过电视转播同时收看了这历史性的一幕。这其中传递的信息是:"相较于苏联,美国不但率先登上了月球,而且还有勇气在黄金时段播放实况。"在那个充斥着坏消息的时期——越南战争、贫民窟骚乱以及政治领导人被暗杀,这是当时唯一一个好消息。肯尼迪提出的影响世界舆论的目标已经完美实现。这也让我们忽略了一个不幸的讽刺性事件,这位已故总统的弟弟——参议员泰德·肯尼迪(Ted Kennedy),在上周五(7 月 18 日)遭遇了一场车祸,这成为一些媒体的头条新闻,与他同行的玛丽·乔·科佩奇(Mary Jo Kopechne)在车祸中丧生,而泰德·肯尼迪却逃离了现场,直到十小时后这场事故才被媒体曝光。

宇航员们(以及他们的妻子)也在当年秋天举办的、为期五周半的世界巡回活动中感受到了登月的影响力。他们走访了 23 个国家,包括 4 个拉丁美洲国家、8 个西欧国家、1 个东欧国家(南斯拉夫)、1 个非洲国家、7 个亚洲国家和 2 个大洋洲国家,有超过一亿人见证了他们的风采。这是一场声势浩大的外交活动,前所未有地颂扬着美国的创造力、首创精神、科学精神,还有无与伦比的财富!阿波罗任务耗资巨大,而美国却负担得起,同时还可以兼顾好其他事情,例如制造喷气式飞机、人们过着有空调的奢侈生活以及在数万千米的高速公路上行驶着数百万辆汽车。这一切都证明美国不仅拥有着舒适的生活,还拥有着世界上最先进的技术。

"将他们安全送回地球"

就像肯尼迪在 1961 年的承诺一样，让阿姆斯特朗和奥尔德林安全返回地球绝非一件小事，也只有安全回到地球他们才可以尽情享受这集万千宠爱于一身的荣耀。

首先，他们要完成在月球的工作。在阿姆斯特朗的指引下（"你的脚趾头就快要过舱门口了"），奥尔德林越过了难以对付的登月舱出口，顺利登上了月球表面。一台摄像机拍摄了"一小步"的有颗粒感的黑白画面并传递给全世界，此时，这个摄像机必须移动一下，才能拍摄到宇航员穿着宇航服在外面工作时的景象。他们还要收集月球岩石，并将各种物体放置在月球表面上（见图 4.8）。

两名宇航员采集了超过 21 千克的月球岩石，并存储在特殊的容器中。而在此之前，他们最先做的事是将一根 2.4 米长的杆子插在月球表面，杆子上面悬挂了一面 1.5 米长、0.9 米宽的美国星条旗。这面旗帜为尼克松总统的贺电提供了一个极具象征意义的背景，因为全世界观众都在倾听和观看。

阿姆斯特朗一直拿着一台哈苏相机，拍摄了许多精美的彩色照片，人们看到这些照片就会想起这次任务。遗憾的是，阿姆斯特朗没有留下自己在月球表面上的照片，只有他为奥尔德林拍摄的照片。

（图源：NASA）

图 4.8　左图是阿姆斯特朗在登月舱的支架上张贴的铭牌，上面写道"我们为全人类的和平而来"。右图是奥尔德林走出登月舱出口的画面。

这些照片里的讲究可就多了！尤其是那张奥尔德林的全身肖像，他的头盔面罩上还倒映着阿姆斯特朗和登月舱。他的那种"王者风范"与那张四百年前著名的汉斯·霍尔宾（Hans Holbein）为英国国王亨利八世（Henry VIII）所画的画像一样，一直流行于象征坚定自信的肖像画中。当时的那幅画展示了一个精力充沛的亨利，凝视着观看者，仿佛在说"我统治着这里"（见图 4.9）。这幅画在当时（乃至现在）被认为是国家宣传的绝佳典范。亨利国王制作了许多这幅画的复制品，分发给那些他想影响的人，并鼓励他的下属们自己复制。在奥尔德林的肖像照中，宇航员随意的姿势恰恰表明了美国取得了彻底的胜利——我们不仅登上了月球，还具有远见的卓识，带上了当时最先进的相机，并且能够抽出时间用它来记录我们的伟大成就。

（图源：NASA 和位于英国利物浦的沃克美术馆）

图 4.9 站在月球表面上的巴兹·奥尔德林。他的面罩上反射的是阿姆斯特朗和登月舱。右上方插图是 16 世纪霍尔宾所画的英国亨利八世肖像画的复制品，并以此来宣扬"王者风范"。右下方插图是奥尔德林在月球表面留下的靴印。

另一张标志性的照片是月球上的脚印，即奥尔德林的靴子在月球表面留下的印记（见图 4.9），时至今日 NASA 仍用它作为这项伟大历史成就的代表。不管历经多少风雨，这张照片的历史地位在数百万年里都不会改变。它用人类的真实接触完美地诠释了月球没有生命存在的本质，以及人类亲自登上月球丈量月球的事实，这是任何旗帜或者机器都无法媲美的。

在"一小步"的两个小时后，宇航员将采集的月球岩石装入登月舱并返回舱内。机组人员还带上了一条在阳光下暴晒了大约一个小时的铝箔。这条铝箔记录下了这段时间内在不受地球磁场影响的情况下来自太阳的带电粒子［即太阳风（solar wind）］的痕迹。三个小时后，也就是距他们当天早上从 CSM 中醒来后大约 21 个小时后，他们尝试进入睡眠状态。

阿姆斯特朗后来描述道，为了屏蔽灰尘和噪音，他们在休息时必须戴上头盔和手套。月球的环境太干燥了，尘埃会附着在太空服上，可一旦他们进入月球舱，尘埃就会开始四处扩散。噪声主要来自供氧和供热系统以及二氧化碳过滤器的泵件。阿姆斯特朗头靠在机舱的墙壁上，他发现这种噪声是难以忍受的。覆盖不完整的百叶窗让阳光投了进来，仪表盘上的开关和显示器也亮着，这些因素都会影响睡眠。尽管温控系统还在工作着，但随着夜幕降临，温度还是会下降并保持在大约 16℃，寒冷的环境让人无法好好睡觉。

第二天（休斯敦时间），登月舱内的机组人员准备离开月球。他们将抛弃重达 2.7 吨的登月舱下半部分（见图 4.10），乘坐剩余的上半部分（即所谓的上升器）返回 CSM。在月球表面驻留了 21.5 小时之后，他们启动了上升发动机；点火 7 分钟后，他们返回了环月轨道。在最后的三次阿波罗飞行任务（15 号、16 号和 17 号）中，我们能通过宇航员留下的一台相机看到整个起飞过程——飞船快速而又稳定地上升，完全不像肯尼迪角的土星五号火箭那样缓慢而沉重。我们还可以看到发动机点火时扬起的灰尘顷刻间覆盖了剩下的着陆器、旗帜和其他设备。

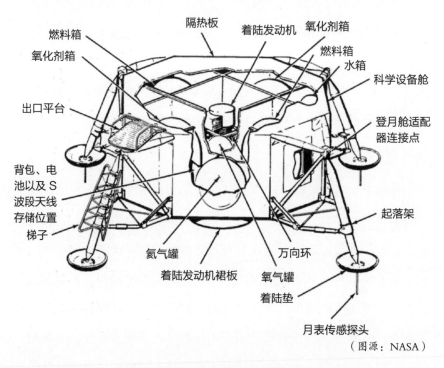

（图源：NASA）

图 4.10　被留在月球表面的是：登月舱的着陆器（包括支架），以及美国国旗和各种科学仪器。

阿姆斯特朗和奥尔德林乘坐登月舱飞走了，只剩下迈克尔·柯林斯一个人孤零零地留在 CSM 中，但他的心态很好。柯林斯笑着说，他可能是唯一一个没有看过他的同事们在月球行走的电视直播的美国人。CSM 在技术上还无法实现接收来自地球或直接来自登月舱的电视图像。但总的来说，柯林斯做了很多的事情，包括更新计算机、清理机舱以便存放月球上采集的岩石以及其他的舱内任务。他还花费了一些时间尝试通过 CSM 的小型望远镜寻找月球表面的登月舱，但是没有成功——"鹰"号登月舱偏离了预定着陆点大约 6 千米，因此柯林斯一直没有找到它。柯林斯很少与休斯敦任务控制中心联系，因为他有大约三分之一的时间在月球背面，因此看不到地球；还有一个原因是地月之间只建立了一条通信链路，而通道大部分时间都在被登月舱占用。

上升发动机无法正常工作是起飞前最令人担心的事情之一，这将导致宇航员们在月球上"搁浅"，并且没有任何被营救的希望。但这个潜在的风险似乎没有影响到几位宇航员，很大程度上是因为他们都有空军试飞员的背景。奥尔德林戏谑地说"我们一直是跑道上的第一名"，在升空后他又说"我们正在沿着一号公路（US-1）行进"。NASA 的医生称，阿姆斯特朗在飞船上升期间的心率没有任何变化。

无论如何，两个燃料箱中的酸性、有毒的化学品混合在了一起，强烈地反应推动飞船离开月球表面，7 分钟的点火过程消耗了大约 2 吨燃料，直至飞船速度达到每小时近 6400 千米，并在轨道上朝着 CSM 前进。"伴随着飞船上升并与月球远离，月球静海的美景渐渐消失"，阿姆斯特朗后来在报告中还补充了一句："这段飞行非常平稳、非常安静"。为了避免登月舱计算机过载，导致再次产生着陆过程中所产生过的可怕警报，交会雷达在这段飞行的早期过程中是处于关闭状态的。

对于地球上的人来说，看到的消息是在阿波罗 11 号发射的三天前，苏联发射了月球 15 号（Luna 15）探测器，当阿姆斯特朗和奥尔德林在月球表面上登陆时，这个探测器正在绕月飞行，这一行为加剧了两国之间的紧张氛围。苏联官方的说法是，月球 15 号探测器将在月球表面执行拍照及一些其他的科学任务，但是我们现在已经知道，它本打算在阿波罗 11 号返回地球之前，将月球表面的月壤样品带回地球。这是苏联在与美国竞争中所做的最后一搏。苏联希望能在阿波罗 11 号返回的前几天提前带回月球样本，这样的话，如果阿波罗 11 号任务因为某些原因失败，就能凸显苏联无人探测器的优势。

随着阿波罗 11 号任务的进行，西方媒体有很多猜测，他们怀疑月球 15 号探测器会以某种方式来阻碍阿波罗登月舱的返回。而实际上，苏联方面将月球 15 号的轨道信息明确地告知了任务控制中心和阿波罗 11 号的机组人员，这得益于阿波罗 8 号宇航员弗兰克·博尔曼（Frank Borman）在莫斯科的半官方访问，他曾与苏联航天的官员取得过联系。

月球 15 号探测器成功地进入了绕月轨道，但是由于月球重力场的不规则，苏联控制人员在确定和预测绕月轨道时遇到了很大困难。在经过几次推迟之后，他们在阿姆斯特朗和奥尔德林起飞前的两个小时终于启动了下降发动机，但是却撞到了静海以东约 800 千米的一座月球山上。更具讽刺意味的是，由于不断推迟，即使月球 15 号能成功登月、采集一些月壤并返回地球，那也是在阿波罗 11 号返回地球的两个小时之后了。

顺便提一句，1969 年 7 月对于苏联的月球探索来说是个特别糟糕的月份。我们将在第 8 章中对此进行更详细的讨论。7 月 3 日，苏联的 N1 重型火箭（相当于美国的土星五号）的第二次试射在升空 15 秒、达到 200 米的高度后炸毁，巨大的爆炸摧毁了发射台，震碎了 40 千米外的窗户，火箭碎片散落的范围超过 8 千米，其中包括一个重 0.4 吨的燃料箱,它落在离机场 6 千米处的一座建筑物上。幸运的是没有人员伤亡,因为周围聚集的政要都藏在了 6 千米之外的安全掩体中。但是这件事情在接下来的 20 年里一直不为西方所知(包括苏联公众)。[①]

阿波罗的飞行过程并没有受到苏联的影响,登月舱绕着月球飞行了两圈,逐渐调整轨道,缓慢地向上接近 CSM。在离开静海将近四个小时后,他们终于看到了回家的"车"——CSM 和它的驾驶员柯林斯(见图 4.11)。柯林斯回忆,他几乎都没有感觉到这两个舱体之间的对接,对接过程非常缓和。但是,他肯定感觉到了将两个舱体锁定在一起的闩锁启动时的效果——用他的话说就是"顿时天翻地覆",因为航天器连接在一起时稍微有点失衡,以至于来回摇晃了八九秒,最后才安全地连在了一起。

此时有更多的例行工作要完成,阿姆斯特朗和奥尔德林要用吸尘器清除彼此衣服上的"月尘",防止它们在零重力下漂浮进入眼睛、耳朵、嘴巴、食物、饮料、机载设备等其他东西里面。然后,他们将采集到的宝贵的月球岩石通过舱口传递给柯林斯,然后自己进入 CSM 内,将登月舱留在轨道上[②]。又过了三个半小时,他们才启动了 CSM 的发动机,CSM 将他们带离月球轨道并返回地球。发动机点火时,他们正位于月球背面,与任务控制中心处于失联状态。休斯敦一直保持

---

① 几个月后,西方发表了关于这场爆炸的谣言,其中包括关于大量人员伤亡的虚假报道。

② 一般观点认为月球不规则的引力场将把它拉向月球表面,它会在几个月内坠毁。然而坠毁地点却一直没有找到。后来的阿波罗任务就启动了发动机,在预定的时间和地点将空的上升器推到月面,这样宇航员们留在月面上的地震监测仪器就可以测量到它的冲击影响。

高度紧张，直至高速移动的 CSM 在月球边缘出现，朝着家的方向，以稳定的转速旋转前进避免过热（前文提到的类似旋转烤肉）。

（图源：NASA）

图 4.11　透过 CSM 的舷窗，2.25 吨的登月舱上升器重回迈克尔·柯林斯的视野中。分离时的登月舱质量超过 15 吨，着陆时燃料消耗了近 8.5 吨，返回时消耗近 2.5 吨，留在月球表面的着陆器有 2.5 吨。上升器与 CSM 的对接过程在地球上的任务控制中心的监视下进行，他们也是刚刚飞到月球正面进入地球视野。

　　还有最后一个存在风险的过程，那就是两天半后返回舱重新进入地球大气层的过程。在之前的水星和双子座飞行任务时采用的材料是远程导弹的隔热罩材料，从地球轨道返回过程中，这种材料可以承受29000 千米/小时的速度。但是从月球以 40000 千米/小时的速度返回时，会产生过多的热量——温度攀升至约 2760℃。因此，阿波罗任务采用了另一种新的方法——逐渐烧掉涂层①（专业术语是"烧蚀"），而且

——————————
　　① 该涂层由酚醛环氧树脂制成，并涂覆到钎焊不锈钢蜂窝结构上。

持续的时间必须足够长，才能使飞船减速到足以打开降落伞的速度（见图 4.12）。阿波罗 8 号和阿波罗 10 号已经验证过这项技术，但是在不到 2 分钟的时间内，在 120 千米的高度内要实现从 38600 千米 / 小时减速到低于 1600 千米 / 小时仍然是极大的挑战。下降过程中，机组人员还必须要在两个点上承受超过 6g 的过载——一次是从 55 千米的高度上反弹至 60 千米处，第二次是在 37 千米处的反弹。三十四年后，当哥伦比亚号航天飞机因其外部隔热层被破坏而解体，导致六名宇航员不幸丧生时，我们才看到了再入大气层失败的后果。

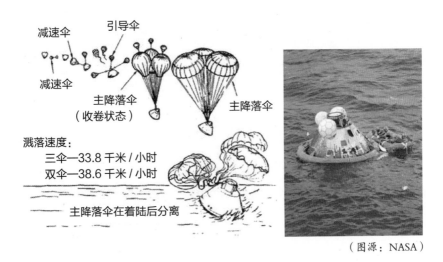

（图源：NASA）

图 4.12　左图展示的是猛烈而炽热地重返地球大气层的过程，隔热罩在 7300 米的高度被抛掉，降落伞如图所示展开。右图为美国海军水兵帮助机组人员登上用直升机从 22 千米外的大黄蜂（Hornet）号航空母舰上运来的救生筏。

　　阿波罗 11 号在主要的返回过程中没有出现任何异常，尽管由于汹涌的海浪和强风的影响，返回舱最终翻倒在大海里——这也许不是很体面，但由于它采用了可向上漂浮的设计，所以是非常安全的。[①] 而服务舱（CSM 中的"S"）在返回前 15 分钟就被抛弃了，实际返回的指令舱质量仅为 5.5 吨，这就是八天前踏上旅程的 3000 吨起飞质量剩下的全部了。此刻，是休斯敦时间 1969 年 7 月 24 日 22 时 50 分。

尼克松总统在太平洋中部搭乘美国大黄蜂号航空母舰亲自迎接他们。由于计划的着陆区有暴雨，任务控制中心将降落点向东移动了 400 千米，这离夏威夷更近。这样一来，尼克松总统的直升机从夏威夷过来的航程就会短一些；但宇航员并没有很快地抵达夏威夷，因为大黄蜂号的航行速度很慢，大概花了 55 个小时才到达港口。阿波罗 11 号宇航员采集的月球岩石和拍摄的照片胶卷享受到了 VIP 待遇，由直升机和喷气式飞机直接从船上运往休斯敦——它们被分配在几架直升机和喷气式飞机上，这样做是为了防止因一架飞机坠毁而前功尽弃。

尼克松总统在大黄蜂号上的公开讲话中夸大了此次任务的重要性，称过去一周为"自创世以来世界历史上最伟大的一周"，轻率地忽略了过去发生的曾对基督徒、穆斯林和其他人具有重要意义的一些事件。

---

① 大约有一半的阿波罗再入过程产生了这个现象。在阿波罗 8 号任务中，埃德·安德斯（Ed Anders）回忆说，"我们倒吊在海洋中，所有垃圾都落在我们身上"，直到三个漂浮的气球将返回舱扶正，而指令长弗兰克·博尔曼（Frank Borman）在 3 米的海浪中等待了 43 分钟，直至蛙人到来，他"像一条晕船的狗一样"。最严重的是 1975 年阿波罗-联盟号（Apollo-Soyuz）与苏联的联合飞行任务重返大气层过程中，三个降落伞中的一个无法打开，在下降过程中，燃料箱的有毒气体渗入机舱，使机组人员失去正常工作能力，倒立的姿势导致他们的撤离过程有些延迟。宇航员汤姆·斯塔福德（Tom Stafford）和德克·史莱顿（Deke Slayton）不得不在舱门打开之前先将万斯·布兰德（Vance Brand）救活。三人都被送进了重症监护室，但很快就康复了。

在这艘船上的摄影机向全世界数以百万计的粉丝们传递着现场实况。但是宇航员们想要参加盛大游行，甚至问候妻儿，都要等到两周以后，因为宇航员们要被执行隔离，以防他们在旅途中感染上某种危险的疾病。他们将会由 1 名医生和几名医护人员、1 名厨师、2 名服务员、1 名摄影师和 1 名新闻官员陪同，总计有 12 人照顾他们。然后[①]他们开始在美国各地巡回，在纽约、芝加哥和洛杉矶，之后还有其他 23 个国家，历时整整一个半月，他们都被簇拥在喧闹的人群中。无论他们是否喜欢，他们作为美国非官方外交官的新职业生涯已经开始。

接下来，我们将快速回顾一下阿波罗的后续任务，简要评估它们的主要贡献——在科学、技术、政治、社会和经济方面的影响。然后，我们将回顾苏联在月球竞赛中的尝试，再介绍一下为什么在 50 年后的今天，阿波罗 17 号的塞尔南（Cernan）和施密特（Schmidt）仍然是最后一批登上月球表面的人类。但是在这之前，让我们先来看看阿波罗的一些其他成就，因为这项工程的规模之庞大一直成为了后来所有潜在的探月者的最大绊脚石。

---

① 在阿姆斯特朗离开休斯敦之前，他在当地的一项任务就是将阿波罗个人成就奖颁发给我和我在TRW的几位同事，我们当时就在任务控制中心外的办公室里。在我看来，这是为了表彰我的团队提供了正确的NASA地面站的准确经度信息，而在阿波罗8号任务期间，它们中有三分之一的数据有严重错误。

土星五号第一级的五台 F-1 发动机正在斯坦尼斯航天中心（John C. Stennis Space Center）的 B-1 试验台进行热试车。1967 年至 1970 年，土星五号的第一级都是在该试验台进行测试的。火箭测试是阿波罗任务中的重要一环，NASA 对其流程的优化在保障土星五号可靠性的同时（13 次发射全部成功），也降低了研制周期和成本，展现了阿波罗计划高超的管理水平。

第 5 章

美国的“撒手锏”

从前面的章节中可以知道，土星五号是阿波罗计划中最大的技术成就。除此之外，我们也欣赏了搭载在土星五号上的航天器的精美设计：首先是指令舱和服务舱（CSM），这部分曾经在阿波罗 1 号发射进入太空之前的爆炸事故中导致三名宇航员丧生（1967 年），但在重新设计后，实现了将宇航员安全地送去月球、环月飞行并从月球成功返回；还有外观看似脆弱却真实地碰触到了月球表面的登月舱，它为两名宇航员提供了一个可以在月球表面生活一天左右的"家"，最后还将他们送回到在环月轨道上等待的 CSM。

除了上述的技术成就，当时，在考虑人类登陆月球到底需要什么条件时，登月团队还面临着另外三个开创性的工程挑战：

- 建设卡纳维拉尔角的发射场，包括建造当时世界上最大的建筑物。

- 搭建监视和控制任务所需的测控站以及计算机设备网络。

- 整个工程的管理，包括技术、政治、工业、人力和财务方面的挑战。

上述清单里还有很多没有列出的项目，比如宇航员在月球上行走时穿着的宇航服，这些宇航服本质上也是一种航天器。另外，可容纳两个人的双子座飞船也没有被列入其中。在 1965 年到 1966 年之间，双子座飞船执行了 12 次飞行任务，是阿波罗的先驱，对 NASA 的登月之路进行了必要的技术和流程优化。五艘无人月球轨道飞船对于阿波罗计划的成功也起到了至关重要的作用。无人月球轨道飞船前所未有地绘制了月球的各种细节，包括月球的正面和背面，并且完整地探测出月球的重力场。但是土星五号、CSM、登月舱和上面提到的三条是最主要的挑战，因此被单独列出，美国也正是由于在这些项目上的攻关快过苏联，才赢得了月球竞赛。

卡纳维拉尔角——火箭第 0 级

它是世界上最大的封闭空间，位于一片被飓风周期性席卷的沙地上。

冯·布劳恩在第二次世界大战期间在机库里建造 V2 火箭。机库是低矮的建筑，人们平时在其中工作，火箭准备发射时，人们才会把火箭带到发射台上。但是，土星五号不仅非常大（110 米高），而且非常脆弱，不可能从水平状态直接竖起来——火箭的薄壁设计可以支撑竖直状态的重量，但从水平方向起竖会导致火箭结构弯曲。

因此，他们需要建造一个超过 110 米的建筑，才能架设屋顶起重机来吊装各级火箭。而且在装配各级火箭时，可能需要同时启用四个起重机。于是，巨大的运载器装配大楼（或称垂直装配大楼）拔地而起（里面并不会形成云层，这是个谣传），那是一个巨大的长方形建筑，外壁有 160 米高，数千根地桩深入地下 50 米延伸至基岩，以防止建筑被佛罗里达的大风吹倒。

这座建筑占地超过 30000 平方米——足以容纳 6 个标准足球场，每扇门都有 139 米高，其宽度足以使联合国总部大楼从中间穿过。

装配完成后，土星五号必须从运载器装配大楼转运至 5.5 千米外的发射台，其间火箭要保持直立状态（见图 5.1）。该技术与大型露天采矿铲装装置所需的技术异曲同工——那是一种自动调平装置，承载着巨大的质量，在坦克履带上缓慢移动。事实证明，这种思路是可行的，只不过土星五号需要一个更大、更完善的版本。其他的替代方案都渐渐地销声匿迹了，比如挖一条通往发射台的运河并用驳船转运火箭等。

（图源：NASA）

图 5.1 1969 年 5 月 20 日，110 米高的土星五号以及其顶部圆锥体内的阿波罗 11 号（不含宇航员），以 1.6 千米 / 小时的速度从垂直装配大楼（左侧建筑）缓慢移动到 5.5 千米外海岸边的发射台。

115 米高的脐带式管线塔架是发射场内另一个引人注目的部分。而事实上，关于土星五号的一切都是庞大而复杂的。低温燃料必须要被预先存储起来，在发射前几小时内才注入燃料箱中。一级火箭的尾焰必须通过火箭下方导流槽中的巨大铁质结构来偏转方向，否则会导致燃气回火并摧毁火箭的底部。

建造这套庞大的装置的工程师将塔架称为火箭的"第 0 级"，不是没有道理的。

地面站和计算机

无线电、雷达和计算机无论在过去还是现在，都是太空任务必不可少的组成部分。无论是与机组人员通话，还是获取有关航天器的状态信息，或者是向航天器发送信息和指令，只要是想与航天器通信，无线电都是无可替代的。阿波罗计划之前的任务使 NASA 能够在全球范围内部署无线电和雷达设施，并根据技术的发展以及早期任务中学习到的经验来升级设备。

对月球、火星和金星实施的无人探测非常有助于确定飞越地球进入太空的任务所需的地面站数量。在不考虑其他因素的情况下，地面站至少需要三个，分布在全球各地——NASA 常用的地点包括加利福尼亚州、澳大利亚和西班牙。其中澳大利亚位于南半球，这不仅有助于使站点在经度上（东西方向）分散，也有助于在纬度上（南北方向）分散。

NASA 还增设了由其他几个地面站组成的网络，使一次任务的整个发射阶段可以被连续覆盖，也就是说这个网络延伸到了佛罗里达州东南部的大西洋，并填充了三个核心地面站之间的大面积空白区域。这些地面站位于一些孤岛上，例如夏威夷（Hawaii）、关岛（Guam）、大西洋上的阿森松岛（Ascension Island）和大加纳利岛（Grand Canary）[①]，以及四大洲上的陆地站点。

在第二次世界大战期间和之后的朝鲜战争中，无线电和雷达已经得到了广泛应用。但是，计算机在当时还属于新兴技术。这些技术能在太空任务中得以运用，得益于自20世纪50年代中期起美国军方为远程导弹开发的系统。美国军方推动了人类对地球重力场的研究，因为想要引导远程导弹精确击中目标就必须详细了解重力场的不规则性，而航天器恰好也需要这些信息。

休斯敦任务控制中心的计算机或许是当时世界上最好的计算机，但是当时"好"的评价标准和现在的计算机一样，也就是能运行当时编写的软件。在20世纪60年代，IBM公司是"计算"的代名词。许多其他公司也生产计算机和相关软件，但是IBM主导了全球市场。IBM与其他主要计算机供应商的相对地位可以用"IBM和七个小矮人"来形容，这形象地描述了其他公司和市场领导者（IBM）之间的关系[②]。这也就不难理解为什么任务控制中心的绝大部分计算机和软件由IBM公司提供，土星五号、CSM及登月舱的大部分计算机和软件也

---

① 1968年12月阿波罗8号执行任务期间，记录的这些岛屿的经度数据是错误的。我在休斯敦TRW公司领导的小组为1969年5月的阿波罗10号任务及时提供了准确的经度值。

② "七个小矮人"分别指：宝来公司（Burroughs）、控制数据公司（Control Data Corporation）、通用电气（General Electric）、霍尼韦尔（Honeywell）、NCR公司和UNIVAC公司。

由 IBM 公司提供。当然，许多其他的公司也为任务控制中心使用的软件能够可靠、高效地运行提供了相应的技术支持。

媒体倾向于关注任务控制中心的工作人员（见图 5.2），但实际上，工作人员几乎完全使用 IBM 计算机中的软件来计算轨迹等参数。因此，这项突破技术的关键在于软件和计算机的先进性，而不是工作人员的水平（尽管他们确实很优秀）。

图 5.2　休斯敦的阿波罗任务控制中心。任务控制中心里面的工作人员（只有极少数是女性）是淹没在雷达、测控站、计算机和软件的全球网络中的人类面孔，负责向宇航员发送指令。图片中记录的是工作人员在 1969 年 7 月 26 日的阿波罗 11 号任务结束的一刻终于放松下来。在最右边的屏幕上播放的是太平洋上的大黄蜂号上，理查德·M. 尼克松总统正在会见隔离设备玻璃后面的阿姆斯特朗、奥尔德林和柯林斯。位于墙中间的蓝色屏幕上写着："任务完成（Task Accomplished）！"

项目管理

项目管理不善是很容易被人们发现的，而且糟糕的管理屡见不鲜，大型项目的延误和成本超支比比皆是，计算机频繁地遭遇黑客攻击。20 世纪 60 年代是这样，现在还是这样，而且往往很难判定责任应该归咎于哪里。

然而，识别和应用良好的管理方式并不那么容易。在肯尼迪总统规定的时限内成功完成阿波罗计划，需要在各个层级都有良好的管理。当然，计划执行过程中也有管理不善的例子，例如由于北美航空公司和 NASA 的失误，导致查菲、格里森和怀特在 1967 年死亡。但其中也不乏优秀管理的例子。

从三个角度可以阐释阿波罗计划管理质量之高，同时也可以说明阿波罗计划是如何处理关于政治和技术问题的。第一，是用在环月轨道上交会取代在地球轨道上交会的决定，这部分内容已经在前文中讨论过（详见第 3 章）；第二，是政治管理；第三，是声势浩大的测试计划。接下来，让我们来研究一下后面两个内容。

NASA 成立于 1958 年，负责管理所有美国政府资助的民用太空计划，而艾森豪威尔总统对 NASA 的支持被视作确保阿波罗计划得到妥善管理的关键。与之形成鲜明对比的则是苏联，苏联没有与 NASA 类似的机构，项目的批准和管理是由个人权威和随机的政治决策共同实现的。苏联的这种管理方式在一定程度上非常有效——将斯普特尼克和加加林送入了轨道，但之后就搞砸了，这将在第 8 章中详细说明。

詹姆斯·韦伯被任命为 NASA 的第二任局长，他曾因过于政治化而受到过批评。这的确是一项政治任命，但对于美国的政府部门和机构的负责人以及其他高级官员来说也是常有的事。因此，肯尼迪总统当选后，同艾森豪威尔时代任命的其他人一样，时任 NASA 局长 T·基思·格伦南（T. Keith Glennan）也递交了辞职信，而新总统则要挑选他的继任者。但是事实证明，很难找到愿意接受这份工作的人。据副总统约翰逊说，最初的 17 名候选人都拒绝了这份工作。据一位知情官员透露，拒绝率高是因为约翰逊会亲自联系每一位候选人，而候选人们一想到他们实际上是在为时而很粗暴的约翰逊工作时，就会很反感。

第 18 位候选人是詹姆斯·韦伯，他是一位老派的、政治上精明的实业家和说客，来自美国南部的北卡罗来纳州。他与被肯尼迪任命到其他职位上的年轻、知识渊博的高层人士截然不同，在风格上与副总统约翰逊十分接近。

事实证明，韦伯在说服国会为肯尼迪支持的项目提供资金方面非常有能力。阿波罗计划所需的资金规模让人望而生畏：从 1964 年到 1967 年，NASA 的预算（主要是阿波罗）占联邦预算的 4% 左右。到了 1975 年，阿波罗计划结束后，NASA 的预算下降回 1961 年的水平——1%，此后逐渐下降到 0.5% 左右，直至今天（见图 5.3）。

韦伯展现出了高超的技巧，巧妙地运用了华盛顿体制，使政客、公众和工业游说者统一思想,让阿波罗计划从一个美妙的想法转变为昂贵的现实。尽管有人预料到了美国国防部将会反对向 NASA 提供支持,因为这些资金本可以流入国防部;而韦伯却成功地说服了思维缜密的国防部部长罗伯特·麦克纳马拉(Robert McNamara)支持登月计划,理由是登月计划将在不超出国防预算的前提下为航空航天业提供急需的工作岗位。

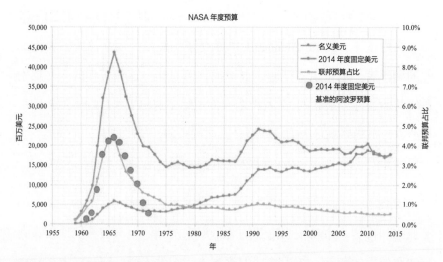

图 5.3 NASA 的预算(橙色线)在 1963 年到 1970 年间主要由阿波罗计划(橙色散点)主导。橙色数据是根据 2014 年的通货膨胀情况进行调整的预算数据。蓝色线是以当年的美元价格为基准的预算数据。灰色线显示,NASA 在联邦预算中所占的比例(右侧标度)在 20 世纪 60 年代中期达到峰值,约为 4%,然后逐渐下降到今天的 0.5%。

阿波罗计划管理层的第二个关键人物是乔治·米勒(George Mueller)。他负责 NASA 的所有载人航天项目,他运用冷静的分析方法使双子座计划和阿波罗计划取得了圆满的成功。米勒[1] 出生于密苏

———————
① 发音为"miller"。

里州圣路易斯，第二次世界大战期间他曾在贝尔实验室从事与机载雷达相关的工作，后来到 TRW[①] 公司从事电子和导弹项目。他很早就指出，1970 年前将人类送上月球的计划表时间太紧，不可能采用冯·布劳恩或者 NASA 的部分工作人员（这些工作人员来自 NASA 的前身，国家航空咨询委员会——National Advisory Committee for Aeronautics，NACA）提出的方法开展工作。

这两方面的团队都有"做一步、测一步（build a little, test a little）"的理念，这种做法很可靠但是效率也很低。冯·布劳恩和亨茨维尔的火箭工程师从失败（失败、失败再失败……）中吸取教训，研制出了第一枚远程火箭。他们的方法就是建造好土星五号的第一级然后开展测试，在第二级和第三级也采用同样的策略；当每一级都可以单独正常工作时，再将前两级组装在一起进行测试，测试通过后，继续添加第三级进行测试。

来自 NACA 的航空工程师深受飞机苛刻的安全标准影响，他们的目标是百分之百的安全。他们和冯·布劳恩团队都充满了对卓越工程的热爱。两个团队的目标都是既追求卓越又要求安全，然而如果沿用这种守旧的思路，得到的结果只能是漏洞百出的系统。

乔治·米勒是导弹研发出身，他设计并制造了数百枚远程导弹，作为运送核弹头的载体。导弹从业者的应用背景要求你必须提出 10 亿美元最优用法，比如，更有效地制造核威慑。一种思路是制造少量精巧的导弹，可以突破任何防御，确保击中目标，但它们也很可能在突

---

① 权利声明：本书作者在1967—1970年于TRW公司为阿波罗计划工作。

袭（比如珍珠港式的）中被击毁。另一种思路是制造大量性能优良的导弹，其中大部分能击中目标，基于其庞大的数量，不可能在突然袭击中被完全消灭。分析这些方案与其他方案的相对优势，进行相应的权衡，就是米勒和他的团队为阿波罗计划所做的一种系统工程分析。

有人可能会说，导弹从业者的务实态度是一种傲慢的或者说"奸商"式的态度，但是它却有着扎实的哲学基础。两百年前，法国哲学家伏尔泰（Voltaire）曾说过："至善者，善之敌（The best is the enemy of the good）。"这句话的意思是，追求完美是愚蠢的，这会让你错过许多美好的体验。我们可以在医疗急诊的实践中看到类似的逻辑，如果有限的医疗资源可以更有效地治疗其他患者，那么就不该把宝押在一个患者身上。例如，一个没有生存希望的患者可能会被放弃治疗，而这些资源会被用于治疗受伤较轻的人，如果治疗及时，受伤较轻的人就会有生存的机会。

系统工程师认为，寻找"最佳折中方案"或"最佳平衡方案"是花纳税人的钱的正确方式，不应该去建造一些成本太高、周期太长的完美装置。

另一位具备导弹研制经验的工程师乔·谢伊（Joe Shea），帮助米勒将这一理念贯彻到项目的各个部分，他坚持认为，不对土星五号各级进行单独测试的思路是合乎逻辑的。在他的方案中，直接把火箭各级放在一起联试，如果第一级正常，那么就接着加上第二级测试，如果第二级也正常，再加上第三级测试。如果单独测试每级，那每级都有可能失败；但如果把它们放在一起联合测试，却有可能一次性成功。

即便冯·布劳恩和其他人能接受这种思路（事实上并没有），下一步的试验逻辑仍然有很大争议。如果土星五号已经成功运行了几次，那么接下来就可以搭载宇航员飞行了。原本的计划是在无人的情况下进行 6 ~ 8 次发射，以给予火箭实施载人飞行的信心。但是米勒和谢伊认为，如果真正想要获得具有统计意义的数据，至少需要几十甚至上百次的飞行。要像测试新飞机那样去测试土星五号——在各种不同的条件下进行数百小时的飞行测试之后才允许使用，我们没那么多时间也没有那么多钱。最好的方法就是相信地面热试车（在静态试验台上启动发动机等）的结果，如果试飞时也正常，那就毫不犹豫地使用！

在进行发射试验之前，地面测试的所有内容都很关键（见图 5.4）。一旦到了发射环节，就是把所有组件放在一起测试——称其为"全启动测试（all-up-testing）"。我们将在后面的章节中看到，苏联没有在地面上对重型火箭完整的第一级开展过测试，他们试图省略这个步骤来节省时间和金钱，结果惨遭失败。

起初，米勒的全启动测试方案遭到了强烈的抵制。但事实上，这是 1970 年前让人类登上月球的唯一途径。必须按时完成任务的前提逐渐削弱了反对者们的质疑，阿波罗计划终于采用了这种通往成功的试验策略。土星五号前两次无人飞行测试分别于 1967 年 11 月和 1968 年 4 月进行，虽然在第二次测试中暴露出了一些问题，但是第三次就是 1968 年 12 月阿波罗 8 号的环月飞行，这一次成功搭载了三名宇航员！

在月球轨道实施交会对接的方案也同样是基于此才被接受的，这部分已经在第 3 章中讨论过。

（图源：NASA）

图 5.4　土星五号发动机的地面热试车。左上图，测试一台 F-1 发动机；左下图，测试一级火箭的五台 F-1 发动机；右上图，测试三级火箭的单台 J2 发动机；右下图，测试二级火箭的五台 J2 发动机。

　　谢伊在 1967 年阿波罗 1 号失火导致查菲、格里森和怀特丧生后离开了项目团队。这个激进的方案转由米勒 1964 年从美国空军请来的另一位导弹行业资深从业者——山姆·菲利普斯（Sam Phillips）将军继续推动，他负责管理整个阿波罗计划，此前他曾负责监管民兵洲际弹道导弹项目（Minuteman ICBM program）。①

　　有人会说，如今 NASA 的载人航天计划对风险过于敏感、倾向于增加成本，但没有取得多大成就。如果是这样，那就与阿波罗时期的管理风格格格不入了。

---

　　① 阿波罗11号返回地球一周后，他重新回到了空军。

第 6 章

后阿波罗 11 号时代

阿波罗 17 号任务指令长塞尔南在舱外活动开始前检查月球车。阿波罗的后几次任务携带的月球车不仅是一辆交通工具，还可装载大量的仪器和装备，极大地拓展了月面探索范围。

NASA 曾计划登月十次——从阿波罗 11 号到 20 号。然而，在阿波罗 11 号取得成功后，其余任务的目的受到了越来越多的质疑。

第二次登月任务——阿波罗 12 号，于 1969 年 11 月 14 日如期进行，搭载了由查尔斯·康拉德（Charles Conrad）、理查德·戈登（Richard Gordon）和艾伦·比恩（Alan Bean）组成的全海军乘组，主要目标是实现在月球上的精确着陆——阿波罗 11 号最终离预定的着陆地点很远，这令人感到意外。这次任务以火箭穿过云层时发出"砰"的一声巨响开始，而且两次被闪电击中。如果不是尼克松总统亲临肯尼迪角观摩发射，这次发射可能会被推迟到天气好转时进行——这也是唯一一次总统现场观摩的发射任务。闪电损坏了火箭上的计算机系统，但备用计算机成功启动，任务顺利推进。

这次任务计划在 1967 年 4 月发射的无人探测器勘测者 3 号（Surveyor 3）附近着陆，从而毫无疑问地验证自主选择并抵达着陆点的能力。阿波罗 11 号当时在距离一个类似的探测器——1967 年 9 月发射的勘测者 5 号（Surveyor 5）24 千米远的地方着陆，但阿姆斯特朗和奥尔德林并没有打算去造访它。阿波罗 12 号避免了阿波罗 11 号曾经历的导航难题，任务控制中心会根据阿波罗 12 号从月球后面出现的时机，在最后一刻更新阿波罗 12 号的飞行轨迹。

一切按计划进行，康拉德和比恩在勘测者 3 号的观察视野内着陆（见图 6.1）。从梯子上走下来到月球表面，169 厘米高的康拉德打趣说："这对尼尔来说可能是一小步，但对我来说却是漫长的一步。"尼尔·阿姆斯特朗的身高是 180 厘米。他们在转运月球岩石的同时还收集了一些勘测者 3 号的组件，包括一台电视摄像机和一个月壤铲，以便地球上的工程师研究在月球表面暴露两年对它们造成的影响。宇航员们在月球表面驻留了 31 个小时，包括两次独立的月球行走。此次在月球表面活动的直播本来应该不再是阿波罗 11 号时的黑白画面，而是彩色的，但是比恩意外地将摄像机朝向了太阳，破坏了其成像能力。

（图源：NASA）

图 6.1　1969 年 11 月，皮特·康拉德正在检查 1967 年 4 月降落在月球上的勘探者 3 号无人探测器。阿波罗登月舱位于康拉德后方 275 米处。

　　阿波罗 11 号取得巨大的成功之后，人们的兴致开始日渐消沉，直至 1970 年 1 月，阿波罗计划中的最后一次任务——阿波罗 20 号被正式宣布取消。其实早在 1969 年 7 月阿波罗 11 号从月球返回地球的三天后，这一消息就已经在非官方渠道流传开了。

然而到了 1970 年 4 月，阿波罗 13 号的故事再次激发了公众对阿波罗计划的兴趣。任务开始两天后，在阿波罗飞船距离地球 32 万千米、加速飞向月球时，CSM 服务舱中的一个氧气罐意外发生爆炸。约翰·斯威格特（John Swigert）首先报告："休斯敦，我觉得我们遇到麻烦了。"茫然的任务控制中心要求机组重复一遍，吉姆·洛威尔（Jim Lovell）重复道："休斯敦，我们遇到了一个问题。"CSM 中的氧气快速地泄漏到太空中，迫使机组人员转入登月舱，才能在虽已缩减但仍有三天半长的绕月飞行过程中存活下来，然后不再登陆月球直接返回地球。他们还必须短暂地返回指令舱，执行再入大气层和着陆动作。

阿波罗 13 号的宇航员当时被誉为英雄。1995 年，由汤姆·汉克斯（Tom Hanks）和凯文·培根（Kevin Bacon）主演的好莱坞版故事片成功地再现了当时的情境。

NASA 分析了爆炸的原因并采取措施防止其再次发生，当然也造成了计划的延误，这意味着距离下一次阿波罗任务只有九个月的时间了。与此同时，原计划的十次任务又被取消了两个，这样推算下来阿波罗 17 号将成为最后一次登月任务。

1971 年 1 月，宇航员艾伦·谢泼德（Alan Shepard）、斯图亚特·鲁萨（Stuart Roosa）和埃德加·米切尔（Edgar Mitchell）搭乘阿波罗 14 号抵达了月球上一个叫作弗拉·毛罗（Fra Mauro）的丘陵地带，位于阿波罗 12 号着陆地点东南部约 175 千米处。也许是担心这会是阿波罗的最后一次任务，抑或是被佛罗里达州温暖的冬天所吸引，当时在肯尼迪角聚集了一大群人观摩发射。这一次，登月舱降落到月球表面的过程和阿波罗 11 号一样让人提心吊胆，机组人员在着陆过程中一直在处理电脑警报和雷达开关故障。

但是着陆过程让指令长艾伦·谢泼德感到非常兴奋。1960 年，他作为水星计划的宇航员成为美国第一位进入太空的人（详见第 1 章），但在与约翰·格伦（John Glenn）的竞争中却输得名誉扫地，格伦在一年后成为了第一位正式进入轨道的美国人。谢泼德当时执行的是一次亚轨道飞行，往返过程仅有 15 分钟。其实谢泼德和格伦之间的竞争在两人执行任务之前就已经很激烈了，这与两个人截然不同的生活方式不无关联。格伦是一个彻头彻尾的宗教家庭出身的男子形象，而谢泼德在家时是一个样子，离开家后就是另外一回事了。他自由散漫、酗酒、爱打架，经常光顾肯尼迪角海滩的年轻女性都觉得他很有魅力。格伦曾经有一次告诫他水星计划的六位宇航员同事，批评他们生活糜烂，并指出他们现在是媒体关注的焦点，需要谨慎行事。其他的几名宇航员大都对格伦的道德训诫感到恼火，谢泼德是其中反应最强烈的。然而这一次任务让谢泼德非常满意，他成为了历史上第五个、也是水星计划七名宇航员中唯一一个实现在月球上行走的人，这也使那些批评他已经 47 岁、年龄太大的言论不攻自破，他也因此更感到骄傲。

谢泼德和米切尔的两次月球行走是比较辛苦的。他们不得不操着一辆手推车，里面装满了仪器、相机、胶卷以及存放月球岩石的容器等，推车装满后可能重达 140 千克。拉着车穿越满是灰尘覆盖的月球表面绝非易事，他们不得不一次次把车抬上斜坡。在第二次月球行走中，他们又得步行 1.2 千米才能到达附近的陨石坑，事实上，他们在距离陨石坑边缘不到 15 米的地方停了下来，因为当时已经超过了规定的时间。

谢泼德不满足于只完成两次月球漫步，他决定向地球上的电视观众展示月球的低重力是怎样提升他的高尔夫球技的。他用一个临时性的高尔夫球杆击打了两个作为私人物品带到飞船上的高尔夫球，其中一个球飞到了 365 米远。从休斯敦的任务指挥员爆发出的笑声中可以看出，他们觉得这一行为很滑稽，但从那以后一直有人批评美国航天计划竟然花了那么高的成本"送人到月球上打高尔夫球"。

最后三次任务——阿波罗 15 号、16 号和 17 号的复杂程度再次提高，他们带了一辆机动车（漫游者），使宇航员们能够探索月球表面更远的地方，并收集更多的月岩和月壤。以下是这三次任务中的一些要点总结：

- 阿波罗 15 号机组成员大卫·斯科特（David Scott）、阿尔·沃登（Al Worden）和吉姆·欧文（Jim Irwin）在任务结束后就被 NASA "拉黑"了，再也没有进入太空。原因是他们行为失检，出售了一套首日封，而这套首日封是他们在官方的 250 套之外擅自夹带进飞船的。NASA 当时没收了这些信封，但在 12 年后沃登提起诉讼时，NASA 不得不将其归还，并在案件开庭前达成和解。此时，这些信封的价值已从宇航员们当初与一名德国买家商定的每件约 8000 美元涨到 50 万美元甚至更多。

- 斯科特在月球表面进行了一项校园里的科学实验，展现了他天性中不那么功利的一面。在摄像机前面，他扔下一把锤子和一根羽毛，因为没有空气阻力使羽毛减速，两个物体同时到达了地面。[①]

- 漫游者号（月球车）很轻，在月球的低重力条件下驾驶会产生弹跳——阿波罗 15 号的斯科特形容它是"一匹真正的野马"。在阿波罗 16 号上，约翰·杨（John Young）按计划对漫游者号进行了一次全速试驾。当他在粗糙的月面上弹跳时，四个轮子曾一度同时从地面跃起。[②]

- 每次任务的三次月面行走之间，宇航员重返登月舱时身上附着的月球尘埃变得越来越让人头疼。阿波罗 16 号的查理·杜克（Charlie Duke）曾几次摔倒，他发现穿着笨重的宇航服想要爬起来最简单的办法就是滚进一个小洞或者陨石坑里，但这样让他身上沾的尘埃就更多了。

- 三次任务均降落在月球的山区，都是在早期飞行任务中积累的制导技术基础上实现的，也都获得了罕见又具有地质科学价值的珍贵影像。

- 阿波罗 16 号在为期三天的月球之行中曾经历多次故障，甚至

---

① 在YouTube上搜索"阿波罗15号锤子-羽毛自由落体试验（Apollo 15 hammer-feather drop）"即可看到现场录像。

② 在YouTube上搜索"阿波罗16号漫游者号大奖赛（Apollo 16 lunar rover grand prix）"即可看到现场录像。

一度无法进入环月轨道只能计划返回地球。其中有一个问题需要地面给机组上传一个软件补丁，由机组人员将其输入电脑，才使任务得以继续。

- 阿波罗 15 号和 16 号分别在环月轨道上留下了一颗 36 千克的小型卫星，这两颗卫星可以测量空间磁场和电场，并可由地面雷达跟踪以分析月球的重力场。阿波罗 15 号释放的卫星在轨被跟踪了 17 个月，并被认为是在这之后的某个时刻坠落到了月面。阿波罗 16 号释放的卫星在轨道上只运行了一个月，之后就坠毁了，它被释放的轨道比阿波罗 15 号释放卫星的轨道要低。

- 由于三个降落伞中的一个未能正常打开，阿波罗 15 号的降落比正常情况下更为困难，着陆速度为每小时 58 千米而不是每小时 35 千米，但宇航员在过程中没有受到伤害。

- 这些任务返回地球之后的三周隔离期被取消了。月球是无菌的，没有外星病菌。

- 阿波罗 17 号是最后一次任务，也是唯一一次在夜间发射的任务，因此发射现场更为壮观，现场的观众们看到火焰把佛罗里达东部海岸的夜晚映成了白天。

- 阿波罗 17 号宇航员哈里森（杰克）施密特（Harrison [Jack] Schmitt）是 12 名登月宇航员中唯一一位受过专业训练的地质学家。休斯敦时间 1972 年 12 月 13 日 23 时 41 分，他的同事吉恩·塞尔南（Gene Cernan）返回登月舱，并成为"月球上最后一个人"（见图 6.2 和图 6.3）。[①]

（图源：NASA）

图 6.2　阿波罗 17 号任务期间，人类最后一次站在月球上回望地球。
照片拍摄于 1972 年 12 月 12 日。

---

① 格林威治时间（Greenwich Mean Time, GMT）1972年12月14日5时41分。

（图源：NASA）

图 6.3　1972 年 12 月 13 日，阿波罗 17 号宇航员兼地质学家哈里森·施密特在最后一次阿波罗任务的第三次月球行走期间，与月表一块大岩石的合影。几年后，阿波罗 12 号宇航员阿兰·比恩（Alan Bean）绘制了一幅这一场景的画作，并将阿波罗 17 号另一名宇航员吉恩·塞尔南的女儿特蕾西（Tracy）的名字题在了这幅画里岩石左下角有磨损痕迹的地方。当"特蕾西岩石（Tracy's Rock）"被认为是这张令人印象深刻的照片中巨石的名字时，现实模仿了艺术。

第 7 章

阿波罗的遗产

Elevation (m)

- 10760
- 8769
- 4787
- 2796
- -1186
- -5168
- -9150

这是 NASA 的月球勘测轨道器（Lunar Reconnaissance Orbiter）研究团队发布的迄今为止分辨率最高的月球背面近全球地形图，由 1.5 万张广角相机照片拼接而成，显示了几乎整个月球背面的表面形状和特征。阿波罗计划中，科研人员们发现月球表面的凹凸不平和引力不均对飞船轨迹有很大影响，而这一科学问题直至今天仍然是一项研究热点。

政治

在美苏冷战的政治背景下，美国在 1961 年 5 月做出了将人类送上月球的决定。当时的主要动机显然不是为了推动科学进步或者探索广袤的宇宙。一年半以后，肯尼迪总统在与 NASA 局长詹姆斯·韦伯的一次讨论中对此直言不讳："苏联已经完成了（登月）系统的测试，NASA 要不惜一切代价早于苏联人登上月球。只有这样才能证明你们更卓越。"肯尼迪对其他太空计划兴趣寥寥，因为它们并不能达到让美国在全球领先的政治目标："所有对登月计划有意义的项目，即关乎登月计划成败的，都是合理的。而对登月计划不是必需的，或者无益于让我们在太空领域处于领先地位的项目，都是次要的。"

阿波罗计划圆满完成了肯尼迪总统的要求：在 20 世纪 60 年代结束之前，将一名美国人送上月球并安全返回。正如太空史学家罗杰·劳尼乌斯（Roger Launius）30 年后评价的那样："这是一次展示美国在技术和经济上双重优势的行动，并且建立了绝对优势。"

在第 4 章中，我们提到了有关奥尔德林和阿姆斯特朗在月球上的照片的影响力，以及他们被全世界的电视观众所追捧的事实。随着 20 世纪 60 年代的时间推移，人们逐渐意识到，苏联人在太空任务真正执行之前一直讳莫如深，苏联的声名也因此每况愈下。美国对阿波罗计划的公开态度与苏联的含糊态度形成了鲜明对比，这本身就是一个重要的信息，且产生了一些微妙却又广泛的政治影响。这使任何国家在与苏联接触时都会担心他们并不是足够的坦诚。

从某种程度上讲，更大的负面影响是苏联并没有能率先实现载人登月。苏联的经济体系比美国脆弱得多，所以如果苏联在太空方面取得胜利，就能够在一定程度上弥补这一短板。而美国在经济上的领先地位，意味着美国在登月竞赛中取得胜利是一种锦上添花。阿波罗还让全世界感受到了美国在科技方面的优势。

阿波罗计划取得的具体的国际政治成就难以估量。就在险些引发第三次世界大战的 1962 年 10 月古巴导弹危机发生之后的一个月，肯尼迪对 NASA 局长詹姆斯·韦伯的言论表示了赞同，即美国"如果没有将约翰·格伦送入太空从而展示自己在这方面拥有的综合技术实力，在古巴问题上可能就不会取得成功"。美国在太空的领先地位表明，它几乎可以克服自己提出的任何技术挑战，这给美国在外交方面带来了更多的可信度和影响力。

在美国国内，阿波罗带来的政治遗产喜忧参半。航空航天工业从 NASA 在一些州的巨额投资中受益——包括加利福尼亚州、佛罗里达州、得克萨斯州和其他几个州，使这些州的政客们继续支持更大的美国太空计划。NASA 还帮助美国各地的大学建立了致力于太空研究的实验室和研究所。这项投资产生了长远的影响，因为其中的大多数实验室和研究所至今仍然存在，并一直为其所在州的太空项目提供支持。但在 NASA 内部，许多官员没有意识到阿波罗计划并不是常态且不可复制的，它只是在冷战背景下产生的一次性事件。将 4% 的联邦预算用于太空计划的政治战略将不复存在。

社会

很多有意思的证据表明，登月有助于引导年轻人从事科学和技术方面的职业。当然有很多关于人们对天文学或航天工程更感兴趣的例子，但诺贝尔奖得主、遗传学家保罗·纳斯（Paul Nurse）的故事可能更值得注意。在 2014 年的一次电视采访中，保罗·纳斯详细地描述了阿波罗任务的激励是如何促进他研究生物学的。亚马逊创始人杰夫·贝佐斯在 2016 年说："当我 5 岁的时候，我看到尼尔·阿姆斯特朗踏上月球，这激发了我对科学和探索的热情。"

而另一群人也经常指出阿波罗任务对他们的职业生涯有深刻影响，他们就是绿色组织和团体。对于他们来说，这些影响并非来自实际的登月，而是来自宇航员拍摄的地球图像。这种影响始于 1968 年圣诞节前夜阿波罗 8 号宇航员拍摄的照片（见图 7.1）。这些宇航员是第一批离开地球到足够远的地方看到完整地球的人类。他们拍摄的地球悬挂在荒凉的月球地平线上的照片引起了许多人的共鸣。

（图源：NASA）

图7.1　1968 年平安夜，阿波罗 8 号拍摄的标志性照片——地球从月球上升起（地出 [Earthrise]）。令人生畏的、布满陨石坑的月球和美丽而友好的、蓝白相间的地球之间的对比，突出了我们星球的独特地位，它是原本严酷而不适宜居住的宇宙中唯一人类可居住的世界。照片中，近 40 万千米外的地球上，日落明暗分界线穿过非洲；南极位于分界线左端附近的白色区域内；北美洲和南美洲都在云层的覆盖之下。

　　NASA 一直保持着拍摄这类照片的热情，其中最新、最好的一张是由月球勘测轨道飞行器（Lunar Reconnaissance Orbiter）于 2015 年拍摄的，见图 7.2。

（图源：NASA）

图7.2 2015年12月8日，NASA月球勘测轨道飞行器拍摄到的地球图像。黑暗的
月球表面凸显出了地球的蓝色大理石外观。图中地球的北极在上，右侧可以看到非洲，
而左侧的大部分南美洲区域看起来很模糊。

技术和管理

阿波罗计划的管理模式在当时被公认为是一种控制复杂、高风险
工程的标准。首先，严格检验采购、组装、测试和交付过程中的每个
零件和单机，包括螺母、螺栓、组件直至整个火箭发动机。然后，工
程师们对纷繁复杂的工作进行成本和耗时估算，并向中央管理机构报

告。这些信息由工业部门和 NASA 管理部门整合在一起，提供一张可信的蓝图，说明在什么时间节点、用多大代价可以做成什么事。这意味着，在实际开展各项工作的时候，实际成本和耗时可以与先前的估计值进行比较，从而来调整总体预算和进度。

这种"列清单"或制定电子工作表的方式在今天看来是常识，但在 20 世纪 60 年代这还是一种新奇的东西——而且并不总是受到工程师们的欢迎，因为他们以前只会告诉老板他们的任务完成了还是没完成。在这项技术的应用方面，军方的影响力不亚于 NASA，他们帮助客户（如政府机构及其供应商等）改变了以前那种古板的工作方式。

阿波罗计划其中一个重要遗产就是让人们意识到健全的管理至关重要。正如前面所提到的，NASA 管理层最重要的作用就是在概率有利的情况下做出权衡，从而避免"镀金"（浮于表面）和过度工程，防止延长工程周期、耗费项目资金，却对结果没什么改善。

健全的管理机制对阿波罗计划的重要性充分地反映在一句流行的说法中：我们把人都送上月球了，我们还不能 ×× （"××"可以是任何期望的结果）吗？这些期望的结果可以是让火车准点运行、定期收集垃圾、填平公路上的坑洼或者是治愈癌症。如果政府能够完成有史以来最困难的任务（把人类送上月球），也肯定能完成这些更现实的任务。因此，阿波罗计划的一个重要遗产就是让人们意识到健全的管理对于任何任务都有重要意义，尤其是那些涉及复杂组织架构和技术的任务。

阿波罗任务还需要在常规航天任务基础上更特殊的技术支持才能

成功。土星五号运载火箭的动力是其他常规航天任务所需火箭动力的五倍，这些常规任务包括气象、通信、导航或环境监测等卫星。对行星、小行星和彗星的无人探测都可以搭载小型火箭完成，把人类送入地球轨道也是如此。所以土星五号运载火箭的遗产是有限的。

小到螺母和螺栓这种尺寸层面上，阿波罗计划积累的经验都非常有价值。登月舱的发动机可以节流控制，具有类似直升机一样调节动力的能力，之后被多次复用。它提供的精细控制不但能用于完成在月球和其他行星的着陆，还可用于将卫星精确地部署在地球轨道——比如在一个位置释放一颗卫星，然后移动到不同的轨道再释放另一颗。直至今天，还有很多阿波罗计划遗留下来的技术仍然在太空中被广泛应用，同时也伴随着技术升级，比如小型化电子设备、数码相机等。

相比之下，阿波罗计划的技术在地面上的现实应用却没有那么显著。当时人们曾希望阿波罗 CSM 飞船中的氢燃料电池之类的设备能在地球上用来发电，但诸如此类的技术和相关衍生产品很大程度上还没有完全实现。

科学

尽管肯尼迪总统曾说对月球的科学探索是次要的，但事实上阿波罗取得的科学成就却相当可观。拍摄月球背面的照片当然是其中很有意思的部分，研究月球重力场的精细细节也很有意思。但这些都是由无人探测器完成的——主要是五颗月球勘探轨道卫星，它们也提供了阿波罗潜在着陆点的信息。但是归根结底，阿波罗在科学上取得的最大成就是宇航员带回了月球岩石和月壤样本。

与在月球上分析这些样本相比，把样本带回地球有两个最基本的优势。首先，可以使用更全面的实验室仪器来分析样本，而不仅仅是使用无人探测器或者载人飞船携带去月球的小型仪器。其次，地面上可以在实验室里随时采用新仪器或者改进仪器重复分析样品，而留在月球上的无人探测器还停留在制造时的技术状态。

科学家们想从这些样本中了解的第一件事是，构成地球和月球的化学成分是否相同（见图 7.3）。月球是没有大气层的，但它的月壤和岩石含有的化学元素与地球基本一致，只有细微的不同。而通过分析坠落在地球上的陨石，科学家们意识到太阳系其他星球的土壤元素和地球可能是不同的。阿波罗号样本显示，月球和地球的成分几乎完全相同，所以它们在早期的太阳系中一定是在一起或紧挨在一起形成的。这排除了其他一些关于月球如何形成的理论，比如"月球来自火星外部，在经过地球时被捕获"的说法。

现在最流行的理论解释是，月球是由火星大小的物体与早期的地球碰撞后的碎片结合而成的。被抛入太空的物质是地球和撞击地球的物体形成的混合物，同样的混合物也留在了地球表面——因此它们的化学成分是相似的。

此外，科学家们还想分析月球月壤和岩石的年龄。这是通过观察它们所含的微量放射性物质的衰变情况来实现的。在样本被带回地球之前，月球的年龄是通过月球表面的陨石坑数量来计算的——陨石坑越多，月球表面就越古老。通过分析这些样本，科学家们最终可以得出准确的年龄数据，从而对陨石坑计数方法得到的结果进行微调。此方法的关键是要从月球上陨石坑数量不同的区域采集样本，也就是说，要从月球表面年龄不同的部分采集样本。

（图源：NASA/JSC）

图 7.3　上图是阿波罗 11 号带回的岩石样本，重 180 克，大小相当于一个被切掉一半的棒球（准确说是 9.5 厘米 × 4.5 厘米 × 3 厘米）。下图是它内部的两个切面图，左图是在正交尼科耳光（Cross Nichols Light）下的图像，右图是在偏振光下的图像。

通过了解陨石坑数量和星球年龄之间的关系，可以对火星和太阳系周围的其他行星、卫星、小行星和彗星进行同样的分析。因此，将月球样本送入实验室有助于更好地了解整个太阳系。

如图 7.4 所示，在阿波罗号带回样本后的五十年里，科学家们一直在稳步地利用这些样本进行新的研究。科学家们现在希望从月球上的更多区域获取样本，以便改进陨石坑计数分析方法。美国国家研究委员会（National Research Council，NRC）2007 年的一份报告称："下一阶段月球科学探索的核心是在近期推动一个强有力的无人探测计划，实现全（月）球探测。"报告承认，阿波罗取得的样本（以及苏联三次无人月面采样任务带回来的小得多的样本）并不能解释所有问题，并建议"应选择能够填补月球样本多样性空白的着陆点"（见图7.5）。

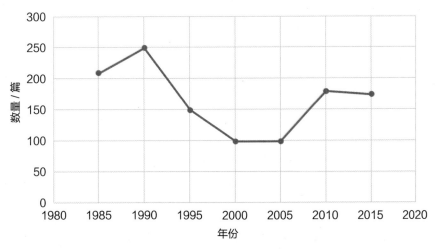

阿波罗计划得到的数据产生的科学论文

图 7.4　科学家们仍在基于对阿波罗任务带回的月球表面样本分析，持续公开新的科学发现。在阿波罗 11 号之后的十年里，涌现了大量的论文，随后新的科学发现仍在稳定进展。

（图源：NASA 和本书作者）

图 7.5 阿波罗（图中绿色三角形）和无人月球探测器（图中红色三角形）完成的月球采样返回任务以及它们采集的月球尘埃和岩石的量。其他的没有采样返回的美国（黄色、勘测者 [Surveyor]）和苏联（红色、月球号 [Luna]）探测器也在图中标出。这些地点都在月球的正面（即在月球背面完全没有采过样），而且大部分在赤道附近，在月球表面分布非常不均匀。

科学家们还想瞄准一些有趣的地区，比如月球的南极地区，那里可能有一些永远处于黑暗中的深陨石坑，因此可能含有一些水冰（water-ice）。而南极地区的一些山峰则存在着相反的特性。它们总是暴露在阳光下，位于昼夜的交界处。这对于建立一个月球基地来说非常有利，因为太阳能电池板可以一直提供电能，而且水源可能就藏在基地附近的陨石坑中。

NRC 在 2007 年的报告中强调，月球背面靠近南极的区域特别值得关注。而这正是中国于 2019 年年初发射的嫦娥四号释放月球车的地方。它之所以特殊，是因为它是月球表面最深的大洼地，因此来自月球内部更深层物质的含量应该比月球表面任何地方都多。

　　总之，NRC 的报告说，阿波罗带回的样本"极大地改变了我们对太阳系的特征和演化的认知。"这是一笔不小的遗产。

月球 10 号

月球上的第一颗人造卫星

月球 10 号（Luna 10，俄文：Луна-10）是苏联研制的无人月球探测器，1966 年 3 月 31 日发射并于 4 月 3 日成功进入环月球轨道。它是人类第一颗环月卫星，同时也是第一个成功环绕其他天体的飞行器。在登月竞赛中，苏联曾一度取得领先优势，月球 10 号就是其中的一个代表。

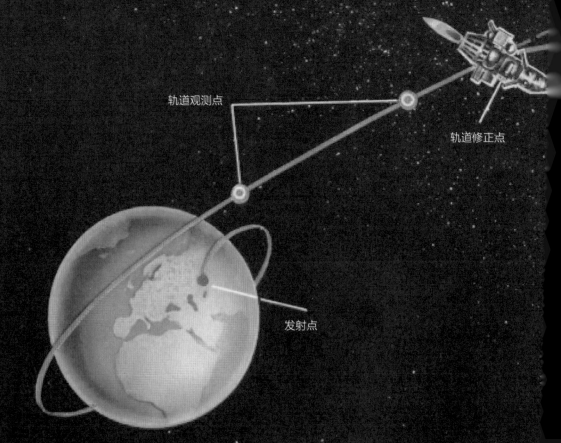

轨道观测点

轨道修正点

发射点

第 8 章

登月竞赛中的对手——苏联

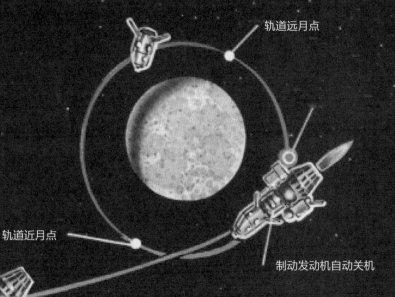

轨道远月点

轨道近月点

制动发动机自动关机

地月连线上的导航点

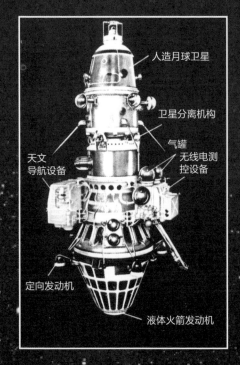

人造月球卫星

卫星分离机构

气罐

无线电测控设备

天文导航设备

定向发动机

液体火箭发动机

登月竞赛的亚军

从 1961 年到 1965 年，苏联在载人航天方面似乎领先于美国（见图 8.1）。尤里·加加林是第一个进入太空并进入近地轨道的人类（1961 年 4 月），紧随其后苏联还开展了如下任务：第一次在太空驻留 24 小时（1961 年 8 月）、第一次实施涉及两艘飞船和两名宇航员的飞行（1962 年 8 月）、第一次送女性航天员进入太空（见图 8.6）、第一个长达 5 天的太空任务（1963 年 6 月）、第一次送三人乘组进入太空（1964 年 10 月）和第一次实施太空行走（1965 年 3 月）。

苏联似乎在月球和行星的无人探测任务方面也处于领先地位，在 1959 年首次拍摄了月球背面的照片，在 1961 年首次飞越金星。随后于 1966 年 2 月实现首次实施月球软着陆，并在两个月后成功发射了第一颗环月飞行的卫星。

人们对此的印象是，苏联的能力在稳步提升，而且总是比美国领先一到两步，并且可能很快就会完成载人登月。

从 1969 年开始，苏联官方的技术路线就不再打算将人类送上月球了。苏联计划遵循苏联航天之父康斯坦丁·齐奥尔科夫斯基（Konstantin Tsiolkovsky）的建议。齐奥尔科夫斯基曾在 19 世纪末 20 世纪初写过很多关于太空旅行的著作，他主张在环绕地球的轨道上建

（图源：英国星际学会档案馆）

图 8.1　1961 年 5 月，尤里·加加林（左）和谢尔盖·科罗廖夫（右）的合影。从 1957 年 10 月的斯普特尼克 1 号开始，科罗廖夫精心策划了苏联一系列的太空活动。其中最重要的，也是登月竞赛的直接诱因，就是加加林 1961 年 4 月 12 日的飞行，迫使美国把登月作为令人信服地展示太空优势的唯一途径。

立空间站，以便日后登上月球和火星。因此，苏联决定继续送航天员进入近地轨道，并不断提高航天器的尺度和航天员在轨驻留时间。1971 年，他们发射了礼炮 1 号（Salyut-1），称之为世界第一个空间站。它在发射时并没有搭载宇航员，苏联的宇航员们是通过单独的发射进入空间站的。苏联的第二个思路是，无人探测器更适合从月球采样。当可以用无生命的机器来达到目的时，为什么要让人类处于危险之中并付出巨大的代价呢？

其实这是苏联看到美国登月成功后编出来的一套说辞。真实的情况是，苏联在20世纪60年代末执行过三个登月计划，一是让人环月飞行而不着陆，二是让人登上月球，三是让机器人在月球表面着陆采集月球岩石样本并返回地球。

前两个计划最终以苏联惯常的否认方式被取消。他们的资金逐渐枯竭，但官方并没有做出取消的决定——因为有取消就意味着计划存在——而苏联的说法是从未有过载人登月计划。因此，只有三分之一的任务完成了，三次无人登月任务共计带回326克月壤样品，分别是：1970年的月球16号（Luna 16，101克）、1972年的月球20号（Luna 20，55克）、1976年的月球24号（Luna 24，170克）——所有着陆点都位于月球的东部边缘附近（见图7.5）。在月球上自主采样并返回是苏联人的一项重大成就，但是在载人登月的主赛道中的失利，让这项成就黯然失色。

携带核武器、跨越洲际距离的远程导弹的需求推动了苏联在20世纪50年代和60年代研制火箭。第二次世界大战后，苏联开始仿制德国V2导弹来制造自己的火箭，V2曾被用来轰炸英国伦敦和比利时安特卫普。为了实现这一目标，大批的火箭组件、工程设备和超过100名德国工程师从德国被转移到苏联。值得注意的是，美国陆军正在利用沃纳·冯·布劳恩和其他1945年向美国投降的德国高级火箭工程师走类似的发展路线。

由谢尔盖·科罗廖夫（Sergei Korolev，图8.2）领导的一支苏联团队很快就生产出了性能远远超过V2的火箭。科罗廖夫的行为就像

（图源：阿西夫·西迪奇［Asif Siddiqi］）

图 8.2　1953 年的谢尔盖·科罗廖夫。他的天才之处在于找到了巧妙利用苏联体制的方法，从而使政府官员、军方、火箭工程师和科学家都支持他的火箭计划，最终顺利将人类送入太空。他通常被认为是一位杰出的火箭设计师，但这个荣誉其实更应该授予其他人，比如格卢什科。科罗廖夫实际上是一位对太空旅行具有远见卓识的管理大师——这一点和冯·布劳恩很是相似。

西方资本主义的企业家一样，既说服军方和政界人士相信他的导弹设计理念的优越性，同时又管理着拓展技术边界的工程团队。科罗廖夫的创造性管理能力的一个更为明显的标志是，他组建了一个委员会，由参与火箭研发的其他主要工程团队组成，称为首席设计师委员会（Committee of Chief Designers，图 8.3）。这个委员会用来讨论工程师们的期望和目标。正如任何政治制度中，两种或两种以上立场抱有相互竞争的思想就意味着什么都做不了，因为官僚们不想在其间做出选择。科罗廖夫组建的委员会能统一思想，使那些手握钱袋的官员们更容易同意拨款。

首席设计师中第二有影响力的是瓦伦丁·格卢什科（Valentin Glushko），他的专长是火箭发动机研发。在之后的几年里，科罗廖夫和格卢什科之间存在的分歧给苏联的航天计划造成了巨大的损害，但他们最初的合作关系非常融洽。由于第二次世界大战的爆发，科罗廖夫于 1940 年后半年被允许从事由著名的飞机设计师安德烈·图波列夫（Andrey Tupolev）赞助（并得到苏联领导人斯大林的批准）的火箭研发项目。战争期间，格卢什科一直以囚犯的身份参与火箭研发工作，而科罗廖夫在 1942 年末就被调回到他所在的团队了。

1957 年，在德国 V2 导弹和各自研发任务积累的经验的基础上，科罗廖夫和同事们研制出了 R-7 火箭并在 1957 年 8 月 21 日的试飞中飞行了 6000 千米——这也是世界上第一枚洲际弹道导弹（见图 8.4）。

从很小的时候起，科罗廖夫就对使用火箭探索太空感兴趣。他从康斯坦丁·齐奥尔科夫斯基的著作中得到了启发。齐奥尔科夫斯基曾

（图源：阿西夫·西迪奇［Asif Siddiqi］）

　　图 8.3　1959 年的首席设计师委员会。左起：阿列克谢·博戈莫洛夫（Aleksey Bogomolov，遥测），米哈伊尔·瑞赞斯基（Mikhail Ryazanskiy，无线电控制系统），尼古拉·皮尔尤金（Nikolay Pilyugin，自主导航系统），谢尔盖·科罗廖夫（主席兼总体设计），瓦伦丁·格卢什科（Valentin Glushko，火箭发动机），弗拉基米尔·巴尔明（Vladimir Barmin，发射设施），维克托·库兹涅佐夫（Viktor Kuznetsov，陀螺仪）。右边的六位自 1946 年以来就开始了非正式协调，并于 1947 年底成立了委员会。委员会非常有效，取得了苏联早期太空计划的大部分工程控制权。

（图源：ESA/ 曼努埃尔）

图8.4 主图：2015 年 12 月 15 日，一枚联盟号 TMA-19M 火箭搭载蒂姆·科普拉
（Tim Kopra, NASA）、尤里·马伦琴科（Yuri Malenchenko，俄罗斯）和蒂姆·皮
克（Tim Peake，欧洲航天局）从拜科努尔（Baikonur）前往国际空间站。右上插图：
1961 年 4 月 12 日，东方一号运载火箭搭载尤里·加加林进入太空。两种火箭都很
相似而且源于 1957 年首次成功飞行的 R-7 洲际弹道导弹。左下插图：联盟号第一级
的四个独立发动机被捆绑在二级火箭单发动机周围形成一个圆，每个发动机包含四个
主燃烧室（红色）和两个小型微调燃烧室。该设计有 60 年的成功运行历史，证明了不
建造单台独立大型发动机而采用捆绑式火箭发动机和燃烧室也是有效的。

提出了大量关于火箭性能的基础理论，并描述了火箭将如何使人们摆脱地球引力，进入绕地轨道，然后到达月球和火星。而科罗廖夫的工作就是要确保他为军方研制的火箭具有足够的动力将物体送入轨道。他游说苏联领导人尼基塔·赫鲁晓夫（Nikita Khrushchev，也是斯大林的继任者）资助一颗功能极为简单的卫星的开发，并允许它搭乘稍作修改的 RV-7 火箭发射。终于，世界上第一颗人造地球卫星——斯普特尼克 1 号成功于 1957 年 10 月 4 日发射升空。

科罗廖夫在他接下来的一系列卫星计划中继续使用两用技术[①]，他开发了一颗可以返回地球的卫星——不像斯普特尼克的轨道在三个月内就不断衰减，最终卫星在大气层中燃烧殆尽。军方对返回式卫星很感兴趣，因为它可以带回从太空中拍摄的地球图像胶片，这些照片洗出来后可用于军事和情报目的[②]。科罗廖夫设计的卫星带有一个加压舱，在太空中可以保持大气压环境。而那时期的美国监视卫星是允许空气逸出的，这就要求相机设备能在真空中工作。

苏联的卫星必须比美国的卫星重两倍以上，才能提供足够的强度来维持气压。这意味着它需要更大（因此也更昂贵）的火箭将其送入轨道，而 R-7 火箭的动力仍然足以应付。维持气压的好处是，在地面或飞机上工作的摄像机和其他设备也可能在卫星上工作。相比之下，美国人必须研发一种能在真空环境下工作的新型胶片，而苏联人则通

---

① 两用指军民两用。

② 需要注意的是，当时必须对胶片进行化学处理才能看到图像。直到20世纪70年代数码相机出现，才能把图像通过无线电发送到地面并且不会"耗尽"胶卷。直到21世纪，俄罗斯还在使用"湿胶片"相机，胶片必须在返回地球之后才能被洗成照片，而当时大多数国家已经开始使用数字技术。

过使用加压舱来解决这一问题。

也正是由于科罗廖夫的卫星有加压舱，它可以让一些动物甚至是人类在轨生存并从太空中返回。在搭载了狗证明这一设计奏效之后，科罗廖夫获准将第一个人——尤里·加加林于1961年4月送入太空。我们在第1章中已经讲过，这一成就是如何在美国引发重大反响的，并迫使肯尼迪在一个月后承诺在"十年内"将人类送上月球。

斯普特尼克和加加林的飞行所带来的极高声望强化了科罗廖夫在苏联政治体制中的地位。赫鲁晓夫私下称科罗廖夫为"他的魔术师"，因为他有能力根据需要"变"出一个博人眼球的太空奇观。但是，官方从未推出探索太空或将人类送入轨道的政策。苏联在航天领域之所以能取得成功，是因为科罗廖夫所领导的一群工程师沉迷于太空旅行，并且抓住了军方需要火箭的机会来推进他们的航天构想。

斯普特尼克的成功和尤里·加加林的飞行给苏联带来了巨大的国际声望，这是理所应当的！这是一个20年前曾被德国踩躏过的国家，莫斯科以西的半壁江山都在那场战争中被夷为平地。对于那些生活在没有遭受这种战争创伤的国家的人来说，这种破坏是难以想象的。德军占领区的所有工厂都被摧毁了——除了苏联人转移到东部的那部分。苏联最终在乌拉尔山脉（Ural Mountains）东部建立了新的城市。20世纪60年代美国间谍卫星的第一个发现就是，在这些地方有着超过50个以前西方国家不知道的苏联城市。

第二次世界大战结束后，这个饱受战争摧残的国家仅用了12年的时间就将第一颗人造卫星送入了轨道。4年后，他们又将尤里·加加林，这位曾在小时候因德国军队的入侵而被迫背井离乡的青年，送入了太空。加加林成为苏联的象征并非偶然，他英俊、有魅力、口齿伶俐（见图8.5）。后来有些阿波罗的宇航员成为了美国驻其他国家的大使，但却很少有人像加加林那样能触动普通人的心。

（图源：英国星际学会档案馆）

图8.5　1961年10月，在苏联莫斯科，尤里·加加林（左）与苏联领导人尼基塔·赫鲁晓夫（右）在红场克里姆林宫的阳台上。加加林的魅力和英俊提高了他的公信力。加加林的成功飞行展示的软实力优势，曾一度让一个事实成为主流思想——那就是运载器不适合作为军用导弹。

科罗廖夫的太空成就提高了苏联在世界上的声望，更稳固了赫鲁晓夫 1957—1961 年在苏联的地位。但在 1962 年年底，赫鲁晓夫的权威被显著削弱。在众所周知的古巴导弹危机中，美国军事行动的威胁迫使苏联同意撤回秘密引入古巴的导弹。作为交换，美国同意（秘密地）从土耳其撤回导弹，而不再入侵古巴。但这一处理方式让全世界及苏联领导层内部都认为，当苏联受到美国的威胁时，苏联退缩了。

由于近程导弹和中程导弹的射程不足，苏联无法有效打击美国本土，因此，赫鲁晓夫和苏联军方决定开发和部署远程导弹和潜基导弹，这样不必建立古巴这样的前线基地，就能直接打击美国。R-7 弹道导弹的射程可达美国，但很容易被拦截和攻击。

科罗廖夫设计了一种以液氧和煤油作为燃料的火箭，可以产生大量的能量。煤油不是问题，但液氧需要制冷设备将氧气冷却到 -183℃。由于导弹需要有接到命令后快速响应立即发射的能力，而 R-7 弹道导弹的液氧会不断挥发，需要有一组操作人员持续补加液氧。此外，每个导弹发射基地都需要配备复杂而昂贵的制冷设备。这种人力密集型导弹的成本令赫鲁晓夫大为震惊，导致他对科罗廖夫的欣赏程度和资助水平都急剧下降。原本计划建造 50 个导弹发射基地，最终只建造了 3 个。

有些替代的导弹威力可能不够强大，但却不需要那么昂贵和烦琐的制冷操作。首席设计师格卢什科提出的导弹设计方案中使用的燃料可在室温下储存，如采用四氧化二氮代替液氧。这些燃料有毒且具有腐蚀性，但是其实任何火箭燃料本身都具有一定危险性。这些燃料可以在不需要昂贵制冷设备的情况下储存起来，也可以装进导弹并在无人值守的情况下放置数月。科罗廖夫激烈地辩解说他的低温燃料组合是最好的选择，因为每千克燃料产生的推力比其他选择更大，而且拒绝妥协。最后，格卢什科拒绝与科罗廖夫继续合作，并明确拒绝承担登月任务所需的大型发动机的研制工作。

赫鲁晓夫意识到科罗廖夫在一意孤行——以牺牲苏联军事优先级为代价推动太空探索。因此，他鼓励其他工业部门承担远程导弹的研制任务。一个直接的选择就是由格卢什科和他推荐的供应商米哈伊尔·扬格尔（Mikhail Yangel）合作，扬格尔曾与科罗廖夫共事过。扬格尔在 1958 年 8 月获得批准开发 RS-16 远程导弹，由格卢什科提供导弹的两级发动机。扬格尔之后又陆续开发了一系列苏联当时最成功的导弹。

1960 年，另一个替代科罗廖夫的选择是弗拉基米尔·切罗米（Vladimir Chelomey），他获准开发一种由他提议的远程导弹，即使用可储存推进剂的 UR-200 远程导弹 [①]。切罗米一直在为苏联海军开发近程导弹，UR-200 远程导弹在规模上对他的团队而言是一个很大的进步。由于赫鲁晓夫的儿子谢尔盖·赫鲁晓夫（Sergei Khrushchev）是他的雇员，切罗米成功地说服赫鲁晓夫批准了 UR-200 远程导弹项目。尽管 UR-200 远程导弹项目后来被取消，但切罗米继续开发了更大的 UR-500 火箭，最终演化为苏联最大的航天运载火箭——质子（Proton）火箭，

---

① 切罗米的设计、扬格尔和格卢什科的设计均使用偏二甲肼作为燃料。切罗米使用四氧化二氮作为氧化剂，而扬格尔和格卢什科则使用硝酸、四氧化二氮混合物作为氧化剂。上述化学物质都是有毒性和腐蚀性的。

直到 2019 年仍在使用。

尽管扬格尔、格卢什科和切罗米成功得到了研制远程导弹的合同，但科罗廖夫也获准研制一款新型导弹——使用液氧的 R-9 火箭。他获得这个机会的原因之一是，美国军方正在研制技术类似的泰坦 1 号（Titan-1）火箭。值得注意的是，1965—1966 年，用于发射 NASA 双子座双人飞船的泰坦 2 号火箭使用了可储存推进剂，替代了泰坦 1 号火箭使用的液氧和煤油推进剂。

科罗廖夫的团队一直忙于研制侦察卫星，并创造了世界一流的太空传奇——从本章开头的列表开始，至少持续到 1966 年。

在外界看来，苏联似乎在有条不紊地发展更大、更强的载人航天飞行器。的确，科罗廖夫那时正在设计可以搭载 3 个人的联盟号（Soyuz）宇宙飞船，该飞船可以在轨机动，也可以与其他航天器对接，但是其任务资金一直不足，而且一直在拖延。1962—1964 年，载人航天飞行器方面创造的成果都是在 1961 年加加林乘坐的东方号飞船的基础上微调实现的。1964 年，3 名苏联宇航员挤进了改进后的东方号载人飞船（很多人认为这并不安全），并更名为上升 1 号（Voskhod-1）。上升 1 号内部 3 名宇航员的座位安装非常困难，以至于宇航员不得不伸长脖子去看仪器。由于没有足够的空间来为飞船配备逃生设施，所以飞船安装了制动发动机，用以在返回地球时减速，使宇航员在整个飞行任务中都可以留在飞船上，而不必弹射和使用单独的降落伞着陆。

1965 年 3 月，上升 1 号的一个更不安全的改版——上升 2 号执行任务，宇航员阿列克谢·列昂诺夫（Alexey Leonov）搭乘其中并进行了太空行走（见图 8.6）。

（图源：NASA）

图 8.6　2011 年 4 月 12 日，在纪念尤里·加加林遨游太空 50 周年之际，第一个进入
太空的女性瓦莲蒂娜·捷列什科娃（Valenitina Tereshkova）和第一个进行太空行走
的宇航员阿列克谢·列昂诺夫在莫斯科回忆往昔。1963 年 6 月，搭乘东方 6 号的捷列
什科娃和她的同事——搭乘东方 5 号的瓦列里·贝科夫斯基同时在太空中，但是他们位
于不同的轨道上，也无法看到对方。捷列什科娃因在飞行中表现不佳而受到了科罗廖夫
和其他官员的不公正批评，这似乎是一个明显的性别歧视案例（男性宇航员有表现更糟
糕的情况却没有得到注意）。在列昂诺夫于 1965 年 3 月 18 日进行了危险的太空行走
（详见正文）之后，美国在载人航天方面拔得头筹，部署了双子星双人飞船，之后又发
射了土星五号 / 阿波罗月球飞船。

西方的看法是，苏联人正在有组织地稳步研制新的航天器，开展
登月活动是必然的。而现实是，苏联的每次太空任务都是一次性的，
都是应领导人的要求，在极短的时间内完成的，以此创造新闻头条去

抢 NASA 的风头。

大多数的政治动机都与苏联的重要会议有关，但其中一个方面与建立柏林墙有关。在柏林墙开始修建的 1 个月前，赫鲁晓夫通知科罗廖夫，上升 2 号的发射应该在 3 周内进行，不能晚于 1961 年 8 月 10 日。事实上，上升 2 号是在 8 月 6 日发射的，搭载了第 2 位进入地球轨道的人类——德国人蒂托夫（Titov），他在太空中驻留了 1 天，绕地球轨道飞行 17 圈（加加林只飞了 1 圈）。像往常一样，蒂托夫的任务在世人眼里是非常成功的，但实际上他的任务充满了困难和危险。在最初的 12 圈中，他遭受了严重的晕动病（和后来的许多宇航员一样），这使他无法执行分配给他的很多任务。因为设备舱未能与球形着陆舱完全分离，导致这次重返地球大气层的过程几乎与 4 个月前加加林所经历的一样，成为一场灾难。幸运的是，设备舱最终在返回大气层的高温中被烧毁（加加林也遇到过同样的情况），使飞船稳定下来。然后，蒂托夫按计划跳伞出了飞船①。他至今仍保持着绕地球轨道飞行的最年轻记录，他驾驶上升 2 号时只有 25 岁。

1961 年 8 月 13 日，柏林墙开始竖起——把柏林分成东、西两部分，并以带刺铁丝顶墙和栅栏的形式分隔西德和东德，这种情形一直持续到 1989 年 11 月。与此同时，蒂托夫和加加林被派往世界各地进行友好访问，在 1961 年共访问了 11 个国家，并在 1962 年访问了更多的国家。尽管柏林墙建成了，但太空计划的成功依然给人们留下了苏联拥有卓越技术的印象。然而，联盟号飞船及其他重要新系统的研发资金被分

---

① 苏联公开表示，加加林和蒂托夫从起飞到落地一直在船舱中。这样就能确切无疑地宣称，苏联实现了让人类首次从地球发射到太空并安全返回地球的壮举。

流，致使"光鲜"的航天任务都难逃"一次性"的命运，整体拖慢了苏联稳步发展的进程。

列昂诺夫在 1965 年 3 月搭乘上升 2 号实施太空行走，被视为是苏联沿用权宜之计的最后一次喘息。上升 2 号宇宙飞船的无人版于 2 月 22 日发射，起初工作良好，直到来自地面的错误控制信号导致其提前下降，最终在返回过程中失控并坠毁。没有等到进一步的飞行测试，1965 年 3 月 18 日，阿列克谢·列昂诺夫和帕维尔·别利亚耶夫（Pavel Belyayev）开启了为期一天的航天任务，仅领先美国第一艘双子座飞船 5 天，领先美国第二艘双子座飞船不到 3 个月，而这正是美国要实施太空行走或者 NASA 所谓"舱外活动"（Extra-vehicular Activity, EVA）的时间点。

起飞 1.5 小时后，宇航员们操纵着手风琴式气闸舱（Concertina-style Airlock）展成最大尺寸，这是附加在标准东方号载人飞船船舱（加加林、蒂托夫等人乘坐过的）之外的一个装置。列昂诺夫进入气闸舱，打开舱门，并进入太空。他把外置相机（将照片送回地球）的镜头盖取下来开始拍照，此外，还试图拍摄飞船的照片，但没有成功。他尝试重新进入上升 2 号的气闸舱，却发现他的宇航服已经膨胀了，脚根本没办法踏进去。他必须把宇航服放掉一部分气，头先进入气闸舱，然后穿着宇航服在气闸舱内完成一个头部越过脚部的翻转动作。他的心率达到了每分钟 143 次，体温超过了 38℃，全身大汗淋漓。气闸舱设计的内径可不是为了让宇航员翻跟头的！整个过程持续了 23 分钟，而列昂诺夫实际上在太空中待了 12 分钟。

毫无疑问，这次任务又被描绘成一次辉煌的成功，再次证明苏联在空间技术方面领先于美国。

回到舱内后，列昂诺夫和别利亚耶夫遇到的难题并没有结束。飞船在轨道上运行了 1 天后，降落回地球的过程因各种技术故障而变得复杂，其中一个故障导致宇航员在短时间内受到了 10g 过载 [①]，两名宇航员眼部的毛细血管破裂。飞船偏离航线 400 千米，最终落入了大雪覆盖的西伯利亚森林。宇航员们被迫在飞船里呆了两晚，直到全副武装的救援小组赶到——直升机能降落的最近地点在 1.5 千米以外。

相比之下，NASA 的双子座飞船的设计，允许宇航员进行舱外活动，而不必做"杂技表演"。双子座飞船还能在轨机动，与另一个飞船进行对接，并可以支持为期 2 周的任务。而上升号和东方号都不能在轨机动，不能与另一个飞船对接，且只能执行 5 天的任务，可这些缺陷直到几年以后才被西方国家所知晓。

1965 年 3 月，上升 2 号飞船让世人仍然相信苏联在载人航天方面领先于美国，但在那之后苏联就开始走下坡路了。在此之前，苏联 8 次载人航天任务都使用了 4 年前将加加林送入轨道的东方号飞船的改进版本。1965 年 3 月，NASA 的双子座飞船开始了一系列任务，而苏联并没有进行可以超越 NASA 的行动。1966 年和 1967 年是苏联载人航天的灾难性年份，在这两年里，他们没有进行任何发射任务。相比之下，NASA 的双子座计划取得了惊人的成功，任务验证了大部分登月所需的技术和设备，包括两个航天器空间交会对接，航天员在两艘

---

① 这相当于重力的10倍，即一个重68千克的人感觉自己重达680千克（约2/3吨）。

对接飞船之间转移等，同时这项任务的持续时间超过了登月所需的 10
天（见图 8.7）。

（图源：NASA）

图 8.7　1965 年 12 月 15 日，美国首次实现了两艘航天器在轨成功近距离交会。
图中双子座 7 号飞船上的弗兰克·博尔曼（Frank Borman）和吉姆·洛弗尔（Jim
Lovell），距离双子 6 号上的沃利·希拉（Wally Schirra）和汤姆·斯塔福德（Tom
Stafford）只有 11 米。两艘飞船间没有可以实施对接的装备，但是希拉将双子座 6 号
悬停到了姊妹飞船 30 厘米以内。

联盟号飞船相当于美国阿波罗飞船的主体部分——一艘多用途的 3
人宇宙飞船，可以同时满足探月或近地轨道任务需求。联盟号飞船是
专门为将宇航员送入环月轨道而设计的，如果加上着陆器（相当于阿
波罗登月舱）就可以用于登月任务。联盟号飞船任务于 1963 年年底获

得批准，但其进展落后于计划，既因为科罗廖夫团队的工作重点转移到上升号飞船任务上，又因为项目的资金支持在 1964 年 8 月就停止了，当时科罗廖夫的竞争对手切罗米说服了苏联政府在"绕月"任务中使用他的技术（后文会详细介绍）。

这只是苏联做出艰难决策的一个例子。一位太空史学家描述道，"20世纪 60 年代，苏联航天体系是令人难以置信的混乱。"但值得注意的是，"正是由于存在制度漏洞，研发机构和首席设计师们可以通过非正式渠道推进他们的项目"。

科罗廖夫决定给联盟号飞船重新贴个标签，将其定义为一艘绕地球轨道运行的航天器，就像 NASA 的双子座飞船一样，用来为执行月球任务做准备，但实际上并不承担登月任务。用这种手段，科罗廖夫在 1965 年 2 月获准继续研发联盟号（后文会讲细介绍）。

第 2 章介绍了美国登月的关键技术是研制巨大的土星五号运载火箭（以下简称"土星五号"）。苏联人也认识到，载人登月所需要的火箭要比将宇航员送入近地轨道的火箭动力强大得多。两国都计划至少发射两枚重型火箭，并将火箭搭载的载荷在近地轨道上组装成飞船，再将其送往月球实施着陆和返回。

美国的工程师们找到了一种方法，只需发射 1 枚携带复杂航天器的重型火箭就能完成这项工作。单运载方案要求将航天器送入绕月轨道，然后释放一个太空舱到月球表面，该太空舱可以自主返回位于绕月轨道的母航天器上，然后再返回地球。苏联人，尤其是科罗廖夫的团队，也进行了类似的研究，同时还密切关注着美国的进展。

科罗廖夫的 N1 火箭最终被选为苏联载人登月计划的运载器，但却没有得到同土星五号一样被全力支持的待遇。从表面上看，在 1962 年 9 月 24 日苏联部长委员会和苏联共产党中央委员会发布的联合法令中，N1 火箭似乎得到了明确的批准，成为苏联未来使用的重型运载火箭。这要求 N1 火箭在 1965 年首飞时要将 75 吨的有效载荷送入地球轨道。该方案证明了通过使用更先进燃料技术（如液氢）的上面级提升火箭运载能力的可行性。当时为 N1 火箭设立的主要任务目标是，作为一个被称为"轨道轰炸系统"（Orbital Bombardment System）的军用重型导弹，对登月任务只字不提。该联合法令称，其目标是确保苏联在太空探索方面的领先地位。政治家们喜欢这种说法，因为太笼统了，几乎包括了未来可能发生的任何情况。

然而，项目进展非常不顺利。当美国认为苏联专注于肯尼迪提出的将人类送上月球的竞赛时，苏联航天界的各个派系实际上在专注于内部斗争。科罗廖夫团队的发动机设计师瓦伦丁·格卢什科从斯普特尼克和加加林时期开始就拒绝参与 N1 火箭的研发，主要原因是认为液氧技术不适合军事发射。因此，科罗廖夫被迫使用经验相对缺乏的库兹涅佐夫（Kuznetsov）团队提供的发动机，这些发动机的性能一般，最终导致了火箭的设计非常复杂（火箭第一级有 30 台这样的发动机捆绑在一起）。

此外，军方对这种火箭的需求并不迫切，并拒绝全额拨付科罗廖夫要求的资金。

在此期间，科罗廖夫的团队也在忙于其他项目。导弹相关项目相比航天项目能吸引更多的资源，包括几个不同型号的 R-9 洲际弹道导弹、两种固体燃料弹道导弹（RT-1 和 RT-2）和前面提到的轨道轰炸系统（GR-1）。航天项目包括战略上至关重要的天顶 2 号（Zenit-2）侦察卫星、东方号载人飞船及其改进型号、闪电 1 号（Molniya-1）通信卫星、电子号（Elektron）科学卫星，以及将被发射到月球、金星和火星的无人探测器。天顶系列卫星是科罗廖夫对历史最重要的贡献，因为该系列卫星使第一个《削减和限制进攻性战略武器条约》成为可能，该条约遏止了美国和苏联核力量的升级，从而有助于避免灾难性的核战争。

尽管苏联在 1962 年 9 月颁布了法令，但科罗廖夫与其他团队的研究仍在继续。例如，1965 年格卢什科提议在 N1 火箭的一级发动机中使用 RD-270 发动机，以代替库兹涅佐夫的设计。格卢什科的发动机在设计性能上比库兹涅佐夫的发动机强大 4 倍，但由于其研发速度较慢，所以这只是理论上的数据。在火箭第一级采用远远少于 30 台发动机的替代设计方案的吸引力是显而易见的，但这样如此彻底的重新设计会让 N1 火箭的研发倒退 2 ~ 3 年，所以最终格卢什科的提议被拒绝了。

虽然 N1 火箭的研发进展缓慢，但是苏联政府仍然希望能继续领先于美国。在 20 世纪 60 年代早期，这些政治上的特殊考虑通过对东方号宇宙飞船的各种特定改造得到了体现。到 1965 年，美国已经在人造地球卫星方面处于领先地位，所以苏联各方都清楚，他们必须在月球任务中取得领先。

1965 年，超越美国人登上月球的政治必要性引起了另一个重要的改变。切罗米的团队在制造一艘将宇航员送入环月轨道并直接返回地球的宇宙飞船的任务中落后了。科罗廖夫试图把这个项目转给自己的团队，但是最后的决定是，切罗米转去继续研发 UR-500 火箭，而科罗廖夫则需要为其提供正在研发的联盟号飞船。科罗廖夫认为，这错失了一个使用同款火箭实现登月和绕月，从而避免开发两种独立火箭的机会。切罗米的 UR-500 火箭从未到达月球，但最终成为并且一直用作苏联（后来是俄罗斯）太空计划的主力重型运载火箭，也就是现在的质子火箭。

1966 年 1 月 14 日，59 岁的科罗廖夫在一场常规手术中因并发症去世。手术是为了切除出血的肠息肉，而外科医生发现了一个拳头大小的恶性肿瘤，该肿瘤在重重困难下被切除，却导致大量出血。手术结束后半小时，科罗廖夫的心脏停止跳动，宣告死亡。

我们再也不会知道科罗廖夫能否实现他的"魔术"，并击败美国登上月球，但是没有了他，苏联成功的机会大大减少。

切罗米在这个时候提出了 N1 火箭的替代方案。他提议的 UR-700 火箭，比科罗廖夫的 N1 火箭更加强大，在性能上类似于 NASA 的土星五号。切罗米建议使用格卢什科 1 年前为 N1 火箭设计时提出的大型发动机，但在这 1 年间，这台发动机的制造没有明显的进展，这成为其致命弱点。1966 年年底，切罗米的 UR-700 火箭设计被否定，N1 火箭再次成为载人登月的选择。

苏联登月的最初思路是通过发射 3 枚 N1 火箭，在地球轨道上组装必要的航天器（称为 L3）。第 4 枚较小的运载器把宇航员送入太空，并与组装好的宇宙飞船连接起来。到 1965 年，该计划已经被模仿美国阿波罗计划的复制方案所取代——使用单一的重型运载器将 L3 送入绕月轨道，释放一个小型着陆器，将 1 ~ 2 名宇航员送到月球表面。该方案涉及空间飞行器执行环月轨道交会（LOR），而不是近地轨道交会（EOR）的 3 次发射和装配方案。LOR 最大的优势是只需要发射 1 次 N1 火箭，而不是 3 次，因而花费的资金会少很多。但 LOR 最大的缺点是，要求 N1 火箭在性能上与美国的土星五号火箭相似，而后者可以将 130 吨以上的有效载荷送入近地轨道。

N1 火箭最初的设想是将 50 吨有效载荷送入环绕地球的轨道，而科罗廖夫通过把一级火箭装配在一起使发动机数量增加到 30 个，将载重性能提高到 75 吨。为了使 LOR 计划成功，他提议使用 N1 火箭把 90 吨载荷送入近地轨道，并大大减小了 L3 飞往月球时的体积和质量。使用这艘更小的飞船的一个结果是，只能将 1 名宇航员送至月球表面，而另 1 名宇航员在环月轨道上等待他的返回。相比之下，阿波罗计划可将 2 名宇航员带到月球表面，第 3 名宇航员在环月轨道上等待。与阿波罗登月舱的 15 吨质量相比，L3 的登月舱只有 5 吨。

在科罗廖夫的团队中，他的登月任务的想法被批判为既不全面又不现实。只把 1 个人送到月球表面会给这个人带来巨大的负担：首先要驾驶登月舱并着陆，然后离开飞船采集样本，最后驾驶登月舱返回环月轨道。由于无法证明一个人执行这些任务的可能性，所以许多人认为这是不切实际的。

在之前的大多数太空任务中，苏联的航天器比美国的航天器要重。

美国在轻型电子产品和材料方面的领先地位使他们能够设计出更高效的航天器。在此之前，苏联的火箭威力更大，足以弥补其航天器技术的不足。现在科罗廖夫提出了另一种方法，让苏联使用动力较小的火箭，建造效率更高的航天器。他的团队里的一位工作人员说整个计划"处于幻想的边缘"。

尽管如此，科罗廖夫的理念仍然得到了传承，他的设计师们试图提高 N1 火箭的性能，同时减少 L3 的质量。在科罗廖夫去世的时候，这两个相互冲突的需求之间仍然存在着巨大的鸿沟。他提出这个看似轻率的方案的动机有两个：

一方面，这让他得以在发射业务上与苏联内的竞争对手（如切罗米和扬格尔）抗衡，后者目前已经赢得了几乎所有的军事导弹合同，因为他们选择使用可储存的推进剂。科罗廖夫坚持使用液氧（液氧需要不断补充，并需要制冷来存储），因为这样航天器拥有将更大的有效载荷送入太空的潜力。

另一方面，他认为，美国人可能会在开发土星五号或阿波罗计划的其他部分时遇到问题，这将给科罗廖夫留出时间来改进 N1 火箭的性能。他已经找到了一种方法来提高 N1 火箭的性能，这就是通过开发一种以液氢和液氧为燃料的，可以用于 N1 火箭上面级的火箭发动机。这种燃料组合被 NASA 用于土星五号的第二级和第三级，这就是为什么一个更小的一级火箭可以发射比 N1 火箭更大的有效载荷到轨道上。苏联在制造和开发液氢的能力上落后于美国，所以这个计划需要时间才能实现。

直到 1964 年，苏联还是无视肯尼迪于 1961 年提出的启动阿波罗计划的决定；而到了 1967 年，苏联却有 3 个正在进行中的计划，旨在击败 NASA 的阿波罗登月计划（见图 8.8）。而其中有两个计划的目的仅仅是为了获得公众的关注。

20 世纪末，苏联创造的三项月球"奇观"：

载人登月
- N1 超级火箭 +L3
- 绕月飞行，同时发射一个小型着陆器到月球表面（类似阿波罗）
- 由于受到 N1 火箭的限制，只让一名宇航员降落月球表面

环月飞行后直接返回地球
- 质子（UR-500）火箭 + 小号的联盟号飞船
- 准备迎接十月革命 50 周年纪念日（1967 年 11 月）

月壤无人采样返回（月球铲）
- 质子火箭 + 着陆器、采样器和返回舱
- 可能会把约 110g 月壤带回地球（阿波罗 11 号带回了约 22kg）

图 8.8 苏联的计划

科罗廖夫的载人登月计划旨将人类送上月球表面，以直接回应肯尼迪总统提出的挑战。但是人们知道，该计划很可能会被阿波罗计划压制。

环月飞行后直接返回地球的计划，将使用由切罗米开发的 UR-500（质子）火箭和几乎全部由科罗廖夫开发的联盟号飞船的精简版。到 1965 年年底，该项目被认为是最可能准时实现的太空奇观，以献礼具有重要政治意义的十月革命 50 周年纪念日（1967 年 11 月），也是因为这个原因，该项目的资金优先级高于载人登月计划。

月壤无人采样返回（月球铲）计划，在 1967 年年初被提出并批准。该想法是让一个探测器在月球表面着陆，收集一些月球土壤和岩石，再返回地球。提出这个计划的动机主要是考虑在登月竞赛中失败的可能性。一位历史学家这样解释："如果所有这些计划都失败了，而阿波罗又即将登陆月球，那么（他们）可以在美国宇航员登月之前，先派出一个探测器去获取月球土壤。这是一项务实的公关活动，具有重要的科学回报。"事实上，第 4 章中提到，在阿波罗 11 号发射前几天，一个这样的探测器的确被发射到月球上，但在试图着陆时坠毁了。"月球铲"的概念源自乔治·巴巴金（Georgiy Babakin），1965 年科罗廖夫把自动深空探测（月球、火星和金星的无人探测器）的所有工作都交给了他负责。

现在让我们来看看这 3 次意图超越阿波罗计划的尝试是如何进行的。

最后的冲刺：绕月任务

绕月任务长远来看是最重要的。1965 年，科罗廖夫成功说服他的上级，使用联盟号三人飞船的双人改型代替切罗米提出的设计。联盟号是科罗廖夫用来取代东方号的下一代宇宙飞船，是载人航天飞行的主力。联盟号可以与其他航天器对接、在太空中实现轨道机动、执行长达两周的任务，并使安全的太空行走成为可能——不会再像列昂诺夫那样，在上升号飞船中面临危险和受到限制。因此，将联盟号用于长达五六天的环绕月球的任务是可行的。

然而，联盟号的研制并不顺利：

- 1966 年 11 月的首次无人试飞计划包括两次发射，两艘联盟号飞船在轨道上交会。但第一艘飞船在入轨后发生燃料泄漏，发动机无法正常运转，因此第二次发射随即取消。为了掩饰真实任务，苏联人起了一个不起眼的名字——宇宙 133 号（Cosmos-133）。飞船在重返大气层时偏离了轨道，自毁机制启动将其炸毁了。

- 两周后，第二艘联盟号（也是无人驾驶）发射，但火箭在发射台爆炸。一人死亡，数人严重受伤，许多高级官员死里逃生，包括科罗廖夫的继任者瓦西里·米申（Vasiliy Mishin）。发射台被完全摧毁，整个计划被推迟。

- 第三艘联盟号是无人驾驶的，也取了一个没什么关联的名字——宇宙 140 号，于两个月后（1967 年 2 月 7 日）发射了。飞行过程中宇宙 140 号发生了一些宇航员可以应付的小故障，但由于飞船侧面出现了一个洞，使返回地球的过程受到了影响。对于任何宇航员来说，这都是致命的，这次事件最终导致飞船偏离航线坠落在咸海（Aral Sea）^①的一座冰山处，并最终沉

---

① 当时，咸海是世界上第三或第四大湖泊（与非洲维多利亚湖的大小大致相同）。现在，咸海的大小还不到当时大小的1/10，这是因为上游河流被分流用于灌溉。

没——在 10 米深的水下通过潜水员和重型直升机配合才被打捞起来，但是操作难度很大。

　　尽管 3 次无人驾驶的联盟号的测试飞行都以失败告终，但是苏联决定下一次直接进行载人飞行。1961 年 4 月，苏联将人类送入太空，而在这之后的两年里，美国的双子座计划成功进行了 10 次太空飞行，将 16 名美国宇航员送入了近地轨道，这在当时的苏联政治领导层看来是一个巨大的失败。更多的压力来源于即将到来的 1967 年的"五一"节——也是共产党日历上最重要的节日之一，届时在莫斯科红场将举行盛大的游行活动，为了这一时间节点，仅仅发射一艘载人飞船是远远不够的。可就在 2 月 21 日，阿波罗 1 号飞船在地面测试中起火，造成 3 名美国宇航员死亡，这表明人类在探索太空时有着不可避免的危险。苏联宇航员训练负责人卡马宁（Kamanin）中将在 3 月 7 日接受华沙电台采访时指出，下一次苏联载人飞行只有在确保成功的前提下才会进行（这含蓄地暗示了 NASA 的计划推进得过于匆忙）。

　　不幸的是，尽管卡马宁中将说了让人安心的话，联盟 1 号载人飞船任务还是以致命的代价告终。联盟 1 号于 1967 年 4 月 23 日发射，载着 40 岁的宇航员弗拉基米尔·科马罗夫（Vladimir Komarov）第二次进入太空，计划与随后不久发射的第二艘联盟号飞船会合。进入轨道后，科马罗夫观察到几个问题，包括一个太阳能电池板没有展开，一个用来确定飞行器指向方向的传感器失效。太阳能电池板卡住意味着大约 1 天后电力就会耗尽，而传感器损坏意味着不能实现与另一艘联盟号交会。第二次发射随即取消，联盟 1 号在太空停留了 1 天多后返回地球。科马罗夫凭借高超的技术使联盟 1 号进入了正确的返回方向，但不幸的是，降落伞却未能打开，太空舱以每小时 140 千米的速度撞向地面，科马罗夫当场死亡。坠毁几分钟后，剩余的燃料燃起了大火，船舱燃烧了几个小时，但是科马罗夫早已经死亡。

在 1967 年十月革命 50 周年庆典之前，将宇航员送上月球看来不现实了。如果运载火箭发射到月球也失利，就是雪上加霜。质子火箭在其早期发射中展示出很高的可靠性——6 次发射中有 5 次成功，对于一枚新火箭来说这是非常不错的记录。第 7 次质子火箭发射是在 1967 年 9 月，搭载了一艘 L1 无人宇宙飞船（经过大量改装的联盟号）绕月飞行。但是 6 台主发动机中的一台未能成功点火，火箭偏离了轨道道，在离发射台 65 千米处坠毁，有毒的燃料释放出来形成黄棕色的气体云 [1]。

在十月革命 50 周年庆祝活动结束后不久，即 1967 年 11 月 22 日，第二艘 L1 绕月飞船搭乘质子火箭发射升空。这一次，飞船坠落在距离发射场 400 千米的地方。火箭第二级的 4 台发动机中有 1 台未能点火。尽管如此，米申仍对先于美国人完成载人绕月飞行充满希望，因为后者最早也要到 1968 年年底才能开始进行阿波罗载人飞行。

然而，失败仍在继续。1968 年 3 月 2 日，新一轮的发射任务非常成功，并携带着 L1 无人宇宙飞船飞行了 40 万千米，用来模拟月球任务，但由于方向传感器失效，飞船在重返地球大气层时出现了倾斜。若飞船搭载宇航员，舱内过载可能达到 20g，但是还是有活下来的可

---

[1] 燃料是偏二甲肼，氧化剂是四氧化二氮，都是剧毒物质。

能。可是由于这艘飞船当时正在飞向非洲西海岸附近，为了防止被美国"俘获"，苏联选择将其主动摧毁。

5 周后的第二次发射，飞船未能进入轨道，这是因为飞船上的计算机检测到一个并不存在的故障，并指示火箭关机。回收系统启动，L1 无人宇宙飞船在 520 千米外完好无损地被回收并带回莫斯科。苏联计划在同年 7 月、8 月、9 月和 10 月进行更多的发射，但前两次发射时，发射台上发生了严重事故，导致一名技术人员死亡，同时充满燃料的质子火箭以一种危险的角度发生倾斜，只能依靠紧急逃生塔才能保持直立，因此接下来的计划都被搁置了。技术人员小心翼翼且昼夜不停地工作了两个星期，才转移出了火箭里危险和易挥发的燃料，并拆解了火箭。

1968 年 9 月 15 日发射的探测器 5 号（Zond-5）是首个搭载有生命的"乘客"进行绕月飞行的宇宙飞船。主要的乘客是两只乌龟，伴以各种果蝇卵、药草、藻类、细菌和植物细胞。探测器 5 号成功地在距离月表 1750 千米的地方绕着月球转了一圈，然后返回地球，并在途中拍摄了完整的地球高质量照片[①]。然而，方向传感器又一次出现故障，定向系统本身也出了问题，所以在返回时无法对这个两吨重的探测器实现精确控制。探测器 5 号能做的最好的事情，就是把着陆目标对准印度洋上的后备回收船队。发射近 7 天后，探测器 5 号在黑暗中坠落，坠落地点距离最近的苏联回收船 105 千米。几个小时后，探测器 5 号被拖上了甲板，并被一艘美国海军舰艇密切监视着。神奇的是，其内

---

① 比更著名的阿波罗8号拍摄的照片早3个月。

的乌龟活了下来！

与此同时，美国于 1968 年 10 月 11 日成功发射了第一艘载人阿波罗飞船——阿波罗 7 号，其搭载 3 名宇航员环绕地球运行了 11 天。NASA 管理层看到探测器 4 号和探测器 5 号的成功发射后，意识到苏联即将进行载人绕月任务，所以他们宣布，于 12 月底进行的下一次阿波罗任务的内容是进行绕月飞行[①]。尽管 NASA 进行了明确的声明，苏联人还是决定在 1969 年 1 月尝试载人任务之前，继续执行 3 次无人的探测器任务。探测器 6 号于 1968 年 11 月 10 日发射升空，并拍摄了地球和月球的精美照片，但在返回时坠毁（由于降落伞过早打开），携带的生物样本全部死亡。

在 12 月下旬 NASA 的阿波罗 8 号[②]执行任务之前，探测器 6 号飞船的坠毁阻止了苏联其他绕月行动的开展。然而，当阿波罗 8 号任务被证明获得了巨大的成功（技术、政治和公众形象）后，苏联的载人登月计划就悄然结束了，官方从未承认其曾经存在。

[①] 先前的计划是阿波罗 8 号执行另一个近地轨道飞行任务，其主要任务是检查太空中的阿波罗登月舱状态，随后于 1969 年 3 月使用阿波罗 9 号再奔赴月球。

[②] 阿波罗 8 号于 1968 年 12 月 21 日发射升空，并于 12 月 27 日返回地球。

最后的冲刺：月壤无人采样返回

早在 1959 年[①]，苏联就向月球发射了探测器。1966 年 2 月，月球 9 号（Luna-9）探测器在月球表面成功软着陆，这是人类制造的物体第一次在另一个天体上进行有控着陆。但当时西方国家并不知道这项尝试从 3 年前就开始了，前 11 次软着陆都以失败告终[②]。苏联当时僵化的官僚作风在如下事实中可见一斑：月球 9 号从月球表面传回的图像首先在英国媒体上发布——这些照片是由巨大的乔德雷尔·邦德（Jodrell Bank）射电望远镜获得的，此时苏联官方的宣传仍处在烦琐的授权过程中。

同年 12 月[③]，在苏联的研究重点转向一个可以带着月球样本返回

---

① 1958年，有4次发射尝试将探测器送至月球附近，但均因运载问题而失败。1959年又进行了4次发射，其中3次到达月球：1月，月球1号在6000千米外飞掠月球，月球2号按计划在9月撞击月球，月球3号在10月拍摄了月球的背面，第4次发射任务中运载器第二级发生故障。

② 4次未能入轨，2次未能从地球轨道转向月球轨道，2次错过了月球，3次坠落到月球表面。

③ 中间的月球任务：月球10号、11号和12号被分别部署在绕月球轨道上，以拍摄月球表面并测量其引力场和其他物理参数。月球10号是苏联的另一项"太空首创"，于1966年4月3日成为月球的第一颗人造卫星。美国的月球轨道器1号（Lunar Orbiter-1）于8月13日成为月球的第二颗人造卫星，并且是第一个从轨道拍摄月球的探测器。月球11号是第一个对月球进行拍摄的苏联探测器，是在月球1号抵达两周后到达月球的。美国总共有5个月球轨道飞行器对月球进行拍摄，以协助即将到来的阿波罗飞行任务找到合适的着陆点。

地球的无人探测器之前，月球 13 号也成功地在月球上进行了软着陆。如前文所说，这是苏联退而求其次的做法，如果美国成为了第一个将人类送上月球表面的国家，这样做就可以削弱这一事件在公众中的影响。①

这个项目是由乔治·巴巴金（Georgiy Babakin）领导的，正如前面提到的，科罗廖夫已经将无人深空探测器的任务移交给了他。他主导研制的第一个月球探测器是成功完成任务的月球 9 号软着陆器，这给了他支撑（也许是信心），从而能推进一些更宏大的理念，如月球巡视器（最终成为成功的月球车号巡视器）和采样返回探测器（也称"月球铲"）。

"月球铲"利用了巴巴金为月球车开发的软着陆器。当时的主要挑战是将其挤进装有必要的火箭发动机（返回地球用）、通信设备、采集样本的机械臂和容纳采集的样本，并再次进入地球大气层的太空舱。为了减轻质量，一旦探测器离开月球表面，就不能再改变其轨道。"月球铲"在地球上能否成功着陆，取决于能否以正确的速度和正确的方向从月球上起飞。

人类第一次尝试将月球样本带回地球是在 1969 年 6 月，就在阿波罗 11 号计划搭载阿姆斯特朗、奥尔德林和柯林斯前往月球的一个月之前。质子火箭在之前的 4 次尝试中都未能成功进入轨道，尽管切罗米和格卢什科再三确保，可同样的事情还是再次发生了。第四级火箭点

---

① 美国在月球上的第一次软着陆的时间是1966年6月，是由月球9号着陆4个月之后的勘测者1号（Surveyor 1）完成的。从那时到1968年1月，美国又发射了4枚成功的勘测者号软着陆器和2枚失败的勘探者号软着陆器。

火失败，整个火箭及其载荷最终都落入了太平洋。

苏联希望先于阿波罗 11 号把月球样本带回地球。这一次，质子火箭的飞行非常完美，并在 7 月 13 日（阿波罗 11 号发射前 3 天）将月球 15 号送入通往月球的轨道。7 月 17 日，火箭成功将其送入环月轨道，并对其轨道进行了修正，以确保在正确的位置着陆，并最终于 7 月 20 日降落月球表面。当时，人们对月球的重力场知之甚少，因此，科学家们额外花费了 18 个小时来试图弥补由重力场造成的轨道意外变化。这意味着，在阿姆斯特朗和奥尔德林完成任务从月球表面发射升空的前 2 个小时，月球 15 号才真正尝试着陆。尽管额外花费了那么多准备时间，月球 15 号的下降还是偏离了轨道，最终撞向了危海（Mare Crisium）——一座引力很大的巨型环形山。[①]

苏联的假消息立即开始扩散，苏联宣布"月球 15 号的研究计划已经完成，宇宙飞船已经到达月球的预定区域"。

苏联随后调整太空计划的目标：首先，在近地轨道上建造一个空间站，作为探索月球和其他行星的跳板；其次，使用无人探测器从月球上获取样本。"月球铲"计划因此仍成为第二条路线合理性的佐证。

在 1970 年 9 月 24 日月球 16 号成功带回月球土壤（见图 8.9）之前的 1 年里，又发生了 3 次事故。月球 16 号从丰富海（月球上一座直径 909 千米的月海）中带回了大约 101 克土壤，这些土壤随后迅速被苏联科学家们分析完毕。NASA 分别用阿波罗 11 号和 12 号带回的 3

———————
① 即便月球15号的任务完全按照计划进行，也将在阿波罗11号着陆地球后的2个小时才返回地球。

克样品与苏联交换了 3 克样品。尽管这些样本很少，但可以用电子显微镜进行深入分析，并为 NASA 提供有关阿波罗号宇航员没有到达过的月球区域的有价值的科学信息。

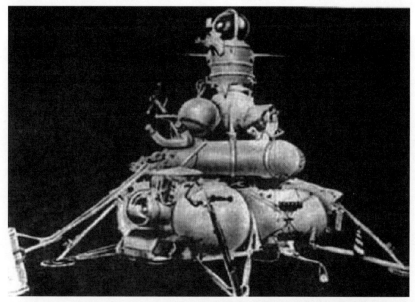

（图源：NASA/ 国家空间科学数据中心）

图 8.9　阿波罗 11 号发射 15 个月后，月球 16 号成为第一个从另一个星球带回样本的无人探测器。在 4 米高的架子顶部可见的球形返回舱只有 50 厘米。样本装在一个无菌密封容器内，带有引导伞、主降落伞和一个无线电发射机，容器下部（较重的一面）有隔热罩保护。

从地球发射时，采样航天器的质量超过 5 吨，约 1 周后在月球着陆时质量减小到 1.8 吨。该航天器花了 4 天时间到达月球，然后在停止机动和着陆之前，在环月轨道继续飞行了 4 圈，最后，靠其携带的火箭发动机开始降落——在 600 米的高度上减慢速度，然后由两个较小的发动机缓冲最后几米，以 9 千米 / 小时的速度冲击月表。在月球表面

35 厘米深的位置，用装有钻头的机械臂采集样本，并将其放入返回舱中，然后密封。返回舱从月球表面升空，由上升火箭推动直接飞向地球，在 4 天的返程中缓慢旋转以避免过热（与阿波罗飞船使用的"旋转烤肉"方式相同）。从火箭发动机上分离出来的球形太空舱重约 34 千克，并在约每小时 11 千米时速的减速过程中，承受了与大气摩擦产生的巨大热量和极高的过载（高达 350g），在降落伞的协助下实现软着陆，距计划的哈萨克斯坦着陆点仅约 30 千米。

此外，还有 5 个月球勘测任务，其中有 2 个成功完成了，分别是 1972 年 2 月发射的月球 20 号和 1976 年 8 月发射的月球 24 号，最后一次任务包括了从月表以下 2 米处取得样本。月球 20 号的返程几乎是一场灾难，在一场暴风雪中，太空舱差点着陆在哈萨克斯坦的卡金吉尔河上，但最终幸运地落在了河中央的一座岛屿上。

从地球上看，月球号的 3 个着陆点都靠近月球的东部边缘[①]（见图 7.3），但获取的样本却有着惊人的不同。月球 16 号的样品主要由玄武岩组成，这是月球表面的原始熔岩，与地球上典型的玄武岩相比，富含铁、钛和硅元素。相比之下，月球 20 号的样品主要是长石而非玄武岩，因此，富含铝、硅和钙元素。月球 24 号降落在巨大的危海，采集的样本主体主要来自月球表面 100 米以下，这是由小行星撞击产生的一个约 6 千米宽的陨石坑，距离月球 24 号采样点约 18 千米。月球 24 号得到的样品包含了多种化学形式，其中最显著的特征是几乎不含钛。由于 3 个月球着陆点之间的化学多样性，成功为 6 次阿波罗任务带回

①从地球北半球看，是月球的右边缘；从南半球看，是月球的左边缘；从赤道看，就是月球的顶部。

的大量物质提供了一个重要的补充。

3 次月球号任务从月球表面的 3 个地点共成功带回了 326 克样本。相比之下，阿波罗任务从 6 个地点共带回了 382 千克，是月球号的约 1200 倍。月球号探测器带回的月球岩石和土壤的数量与阿波罗任务带回的 1/3 吨相比似乎微不足道，但以每花费 1 美元所带回的平均重量来衡量，哪个更有价值呢？

一份解密的 1969 年美国中央情报局（Central Intelligence Agency）报告估计，截至 1969 年，苏联的无人月球探测器和行星计划（不包括发射成本）花费了 23 亿美元。在 1969 年之前的一段时间里，苏联向月球及比月球更远的行星发射了 70 次无人探测器，其中 15 次发射成功了。据此做一个非常粗略的平均，苏联这 70 次任务平均一次花费为 3300 万美元。

苏联总共有 11 个月球样本返回（"月球铲"）任务，其中 3 个成功了。按每次任务花费 3300 万美元计算，探月计划的成本约为 3.6 亿美元（不包括运载的成本）。苏联总共带回了 326 克月球土壤，每克成本约为 110 万美元。

1973 年，NASA 向国会报告称，阿波罗计划花费了 254 亿美元（包括研制运载的费用）。而阿波罗的月球土壤和岩石一共采集了 382 千克，每克 6.7 万美元——与苏联的每克 110 万美元的价格相比要低得多。

苏联声称，机器人技术是一种比把人送上月球更有效的探月方式。但上面的计算并不支持这个论断！因此，苏联不仅输掉了载人登月的竞赛，他们使用机器人带回月球样本的后备计划也不尽如人意，最终的结果是每克月球土壤的成本比耗资巨大的阿波罗计划还要高。

虽然技术水平有限，但不可否认，巴巴金团队的"月球铲"项目仍是一项技术杰作。他们做出了很多通常被认为具有巨大风险的艰难抉择。例如，为了减轻质量，装有珍贵的月球土壤的太空舱完全是被动返回地球的，该太空舱在地球上的着陆点是由其从月球起飞的精度及在月球上的位置决定的——在返回的旅途中无法修正。这意味着在月球的着陆地点必须在距离计划着陆点 10 千米的范围之内。降落到月球表面时，会遇到和阿波罗宇航员所遇到的一样的困难，但是苏联的探月器没有人类的帮助，因此在预定地点着陆是一个极大挑战。

月球 17 号月球车是苏联在月球技术探索上取得的另一项成就，可惜其影响力在阿波罗 11 号任务成功之后的 16 个月里不断减小，直至消失殆尽。被称为月球车 1 号（Lunokhod-1）的月球车（见图 8.10）于 1970 年 11 月 17 日在月球上着陆，花了 10 个月的时间穿越了雨海[1]，这远远超过了 3 个月的设计寿命。月球表面是太阳系中最难生存的环境之一，每个月夜晚都将持续两周的时间。月球车 1 号使用核动力源[2]在月球上漫长且寒冷的夜晚为电池充电并为设备保暖。月球车 1 号重 0.75 吨，有 8 个轮子，大小约等同于 SUV 汽车，在月球表面行驶了超过 10 千米，由两个五人"固定的宇航员"小组[3]操控——他们在位于乌克兰克里米亚的任

---

[1]　正式名称为 Mare Imbrium，是月球正面最大的暗区，看起来（至少在北纬地区）像月球的"左眼"（类比月球正面为一张人脸）。

[2]　11 千克的钋-210。

[3]　每个小组由指挥员、驾驶员、导航员、工程师和无线电操作员组成。

（图源：布莱恩·哈维 [Brian Harvey]）

图 8.10　这是 0.75 吨重、230 厘米长的核动力月球车的全尺寸工程模型，该月球车在 1970—1971 年对月球进行了为期 10 个月的探索。月球车是在苏联境内控制的，展示了一种对月球的探索形式，这种形式在今天仍然具有重要意义。

务控制中心分两班工作，分析土壤的化学成分，钻入土壤分析其力学性质，并在移动过程中拍摄全景照片。从发送指令到在电视上看到操控效果仅有约 4 秒的延迟，[①] 这主要得益于月球车移动速度很快，最高速度约为 100 米 / 小时。

两年后（1973 年 1 月），月球车 2 号（月球 21 号）在距离 1 个月前阿波罗 17 号宇航员与月球告别的地方不远的月球高原地带[②] 上，行驶了超过 40 千米的距离。与月球车 1 号相比，立体全景直播图像的引入使其获取月球表面的信息质量显著提升。在其着陆的 55 千米宽的陨石坑[③] 中进行了 3 个月的旅程后，月球车 2 号开始探索在一个大峡谷边缘散布着 2 ~ 3 米大小的岩石区域，峡谷在火山口底部延伸约 24.14 千米，并且还靠近火山口的山地边缘（见图 8.11）。在该地区待了 1 个月后，月球车 2 号受控离开，但在此过程中，月球车滚进了一个陨石坑，导致尘埃覆盖了月球车 2 号的太阳能电池板，对温控和能源产生了破坏性影响。重启月球车 2 号的尝试失败了，任务不得不就此结束。

在第 10 章中，当我们展望人类在月球上的未来时，这些令人印象深刻的早期苏联无人探月任务（"月球铲"和月球车）将提供有益的参考。

除了两次成功的登月任务外，早期还有一次失败的任务。1969 年

---

① 无线电信号往返月球大约需要2.5秒，还要加上控制面板执行"驾驶员"操纵杆动作的延迟时间。

② 在澄海边缘，对于北半球的人来说是月球的"右眼"，在阿波罗17号着陆点以北约180千米处。

③ 该陨石坑的正式名称是勒莫尼耶环形山（Le Monnier crater）。

（图源：NASA/本书作者）

图8.11 勒莫尼耶环形山的图像由阿波罗17号在1972年1月21日拍摄，图中标注了月球21号探测器在1973年1月15日的降落地点——就在阿波罗17号宇航员（赛尔南和施密特）从着陆地点起飞32天后，降落在他们南部约180千米处。月球21号的"乘客"——月球车2号的最终位置也标注在向北穿过勒莫尼耶环形山的长构造断层和火山口壁附近。

2月，第一次向月球发射月球车的尝试失败了，当时搭载该月球车的质子火箭在飞行1分钟后爆炸。那次发射发生在N1重型火箭首次试飞的两天前，该任务的目的是在月球表面为月球车巡视器拍照。

补充说明：1976年8月发射月球24号采样返回探测器后又过了14年，另一个月球无人探测器才出现——日本的飞天（Hiten）探测器。该探测器第一次实现多次飞越月球然后进入环月轨道，并最终在1993年主动撞向月球。

最后的冲刺：宇航员登陆月球

1966—1967 年，N1 火箭的研发是在已故的科罗廖夫的副手米申的指导下继续进行的。在米申看来，资金缺乏是持续性的。他曾说过，在巅峰时期，N1 火箭及其送往月球的 L3 宇宙飞船得到的资金，大约是阿波罗巅峰时期的一半 [1]。为建立地面测试设施以验证 N1 火箭第一级的完善性而提出的资金请求被多次拒绝，甚至在第一次发射失败后仍是如此。1967 年 11 月，第一枚土星五号运载火箭在美国成功发射，同时在苏联的拜科努尔发射场，正在组装第一枚 N1 火箭的样机。该样机被用来检查 N1 火箭内部极端复杂的组件是否能成功装配到一起。真正的 N1 火箭是在靠近发射台的大型组装测试大楼里建造的，并计划于 4 个月后发射。

除开发重型 N1 火箭外，苏联还必须开发一艘运载宇航员到月球、在月球表面着陆并返回地球的航天器——相当于阿波罗的指令和服务舱（CSM）和阿波罗登月舱。为了登陆月球表面，苏联设计了一种全新的航天器，称为 LK（见图 8.12），而联盟号飞船的改型被用于任务的其他部分，称为 LOK。与 NASA 的土星五号运载火箭相比，N1 火箭的动力更弱，这意味着 LK 的质量必须低于 5.5 吨（约为阿波罗登

---

① 1966—1967年，阿波罗耗资近30亿美元；N1火箭和L3宇宙飞船在1967—1968年耗资约15亿美元（以3美元=1卢布的汇率计算）。

月舱质量的 1/3，见图 8.13）。因此 LK 只能携带 1 人登月，并且最多驻留 48 小时。还有一个方案上的让步是，该方案并没有类似阿波罗登月舱和 CSM 的连接通道，宇航员必须在太空行走，才能从 LK 回到 LOK，然后再返回。

（图源：安德鲁·格雷）

图 8.12　苏联 LK 单人月球着陆器的全尺寸模型——尽管缺少一些突出在顶部的设备，但从工程角度来看是精确的。1970—1971 年，3 个样机版本曾在近地轨道上成功进行测试，但完整的登月版本在项目被取消之前从未进入过太空。

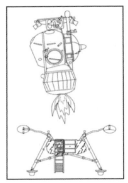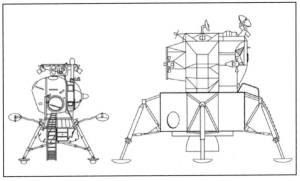

（图源：NASA）

图 8.13 左图：艺术家绘制的 LK 从月球表面起飞的效果图，显示了主飞行器与着陆部分的分离场景。右图：LK 和更大的阿波罗登月舱缩比对比图。LK 的舱舱大致呈球形，仅能容纳一名宇航员穿着宇航服站立在里面，舱体尺寸约为 3 米 × 2.3 米，布满了管道和设备架。

　　为了减轻 LK 的质量，在设计上进行了许多改进，而这些改进反过来又导致了工程延期。苏联建造了 LK 的样机，在 1970 年至 1971 年间三次发射到地球轨道，每次都表现不错。这些样机在绕地球飞行的过程中进行了模拟登月的动作，西方分析人士对这些奇特的动作进行了研究，他们得出的结论是：它们确实是载人登月的飞行预演。之后，苏联开始建造全尺寸组件，并计划搭乘即将发射的 N1 火箭进行飞行测试。大量精妙的设计都是为了创造一个紧凑的船舱，同时让宇航员可以在十分有限的运动空间内独自控制和操纵飞船。透过一个主舷窗，宇航员可以看到最后着陆阶段的下方月面（燃料足够维持不到一分钟的悬停动作），旁边另一个较小的舷窗用于从月球表面返回时观察与轨道航天器的交会。他们还研发了一种新的宇航服，这种宇航服很容易穿脱，而且具有足够的灵活性，既可以在月球表面使用，也可以用于在航天器之间进行的太空行走。18 名宇航员（9 个两人小组）已确定接受训练。太空行走的先驱阿列克谢·列昂诺夫（见图 8.6）可能是第一个踏上月球的苏联公民，届时奥列格·马卡洛夫（Oleg Makarov）将在上方轨道上的 LOK 飞船里。

N1 火箭样机的测试和其他准备工作并不顺利，所以到了 1968 年 5 月，正式的 N1 火箭才运抵发射台（见图 8.14）。由于巨大的一级火箭出现了裂缝，整个火箭必须返回装配大楼进行维修。问题不断出现，一直持续到 1968 年年底。工程师们认识到，N1 火箭第一次载人飞向月球的可能日期将是 1970 年或 1971 年。他们认为 NASA 的时间表也将不可避免地推迟，因此苏联仍有机会赢得登月竞赛。

事实上，直到 1969 年 2 月，N1 火箭才回到发射台，而此时 NASA 的阿波罗计划已经明确了美国人将于 1969 年登陆月球。

1969 年 2 月 19 日，一辆无人月球车搭乘质子号火箭发射升空，但在 50 秒后火箭就发生了振动并解体爆炸，这再次打击了苏联的信心①。

---

① 在残骸中并未发现月球车内部的核燃料源（钋-210）。有传言说，有士兵"营救"了它，并在整个冬天用它来加热营房。

（图源：NRO）

图 8.14　1968 年 9 月，拜科努尔。美国的王牌——KH-8 间谍卫星拍摄的第一枚 N1 火箭在发射台上的照片。这枚高 105 米的火箭的影子清晰可见，使美国情报官员可以很容易地分析出它的大小以及总体特征。由于存在诸多问题，它不得不从发射台移走进行改造，直到 1969 年 2 月才返回发射台。这个解密版本的图像可能比原始图像更加模糊，以掩盖其真实状态。

在 1969 年 2 月 21 日，第一枚 N1 火箭发射升空。它是有史以来推力最强大的火箭，产生了 4590 吨的推力（推力第二强的火箭是土星五号，它的第一级可产生 3400 吨的推力）。它成功升空，但在飞行 70 秒后，箭载控制系统关闭了所有发动机，最终它坠落到离发射台约 80 千米的地面上。调查显示，其中一台发动机的一个小管道破裂，引发了火灾，很快就烧毁了那台发动机和周围的其他发动机，从而导致系统关闭。

虽然首次试飞是 N1 火箭向前迈出的重要一步，但米申和其他人得出了共同的结论，火箭的第一级没能经过彻底的测试，而这主要原因是缺乏资金来建造适当的测试设施。与此相反，我们在第 2 章中看到，土星五号的第一级在组装成火箭之前经过了详尽的测试，这就解释了为什么 NASA 的计划能如期进行，而苏联的计划却迟迟没有实施。

最终，在首次飞行测试的基础上，N1 火箭进行了一些小的改进，改进后的版本于 1969 年 5 月底被送至发射台（见图 8.15）。这一次发生的系列事件与质子号火箭首次发射无人月球探测器的情况惊人地相似，由于火箭的第四级故障，最终落入太平洋。

在全世界的媒体和名流聚集在肯尼迪角，期待着 7 月 17 日阿波罗 11 号的发射的同时，苏联的太空专家们也在拜科努尔举行了类似的集会，期待着 7 月 3 日 N1 火箭的发射，不过这项活动完全保密。与阿波罗 11 号不同的是，它是无人的！

莫斯科时间 1969 年 7 月 3 日晚上 11 点 18 分，N1 火箭发射升空，上升到了 200 米高的空中时，突然开始回落，并在发射台爆炸。爆炸十分强烈，将一个半吨重的燃料箱甩到了 7 千米外的一个测试建筑的屋顶上；40 千米外的大窗户被震碎；火箭的碎片在 11 千米外被找到。不过，由于安全措施非常完备，没有人员伤亡。据估计，这次爆炸相当于 250 吨 TNT 炸药的爆炸强度——这基本上是史上最严重的火箭爆炸。在对这件事情的描述中，有人谈到了地面和空气的振动，以及发射和爆炸的全部轰鸣声传来之前几秒钟的寂静。第二天早上，清理小组发现发射地点周围的草原上布满了动物尸体，包括鸟类。

（图源：阿西夫·西迪奇）

图 8.15　1969 年 7 月初，远在半个地球之外的阿波罗 11 号发射前两周的拜科努尔航天发射场。图中右边是一个功能齐全的 N1 火箭，将携带有效载荷进入绕月轨道。左边是用于发射演练的 N1 火箭样机。

苏联关于载人登月的计划仍在秘密继续。政府公开声明强调了苏联在地球轨道上建立实验室的战略，宇航员可以在那里进行研究，机器人可以从月球带样本返回。而载人登月项目则受到了冷落，甚至到了连阿波罗 11 号的视频都没有向苏联公众展示的程度。一位记者回忆说，苏联电视台在两支当地排球队的比赛间隙播放了阿姆斯特朗和奥尔德林登月的消息。

但是 N1 项目依然还坚持了 5 年！在美国人赢得了登月竞赛后，他们还继续的一个原因是苏联体制中的官僚惰性（每个人都不愿对已批准的计划做出改变）。另一个原因是，决定取消像 N1 这样的大型项目就有可能被公开，从而暴露出苏联曾经有过载人登月计划。最好让计划慢慢进行，直到找到一个恰当的时刻，不再更新它。此外，到了1972 年左右，美国人放弃了登月计划，而且似乎并不清楚他们在人类太空飞行方面的下一个目标，因此，有人认为苏联对月球的一次明确而成功的探索可以恢复苏联的声望。

1969 年 7 月的灾难调查花了一年的时间才形成了一份报告，后续调查又持续了将近一年。可能的原因包括氧气监测器失灵、某个氧气泵堵塞，此外还有控制系统关闭所有发动机的未知原因。虽然没有直接导致故障，但工程师们还对燃料箱和管道质量提出了质疑。

第三次 N1 火箭发射定于 1971 年 6 月，目的是验证 N1 火箭本身。与之前的两次发射不同，它没有携带有效载荷。技术上的小问题使发射一直被推迟。尽管有许多未解决的问题，火箭仍在 1971 年 6 月 27日发射，在发射 51 秒后发动机关闭，火箭继续滑行了 24 千米，直到它击中地面并最终留下了一个深坑。随后工程师们又对这次飞行的失败原因进行了长时间的分析，但令人惊讶的是，中止 N1 火箭研发的声音很小，或许是因为在这个时候，另外两枚 N1 火箭的许多部件已经采购，所以继续研发的额外成本相对较小。

第四次（也是最后一次）发射是在 17 个月后的 1972 年 11 月 23 日。这一次一切都很顺利，直到第一级火箭完成它的推进工作并将任务移交给第二级时，30 个一级发动机中的一个发生爆炸，摧毁了整个火箭。

一年半以后（1974 年 5 月），这一长串昂贵的失败发射的影响终于来了。米申被免去了科罗廖夫所创组织的负责人职务，政府任命科罗廖夫的死对头格卢什科来接替米申的位置，同时还继续负责他自己的组织职务。格卢什科的第一个行动就是取消所有 N1 火箭的相关工作。此外，他下令销毁剩下的 7 枚 N1 火箭（其中 2 枚已经准备好发射），甚至销毁了 N1 火箭所有的技术文件！

美苏之间的区别

N1 项目被取消后发生了几件具有讽刺意味的事，包括在 20 世纪 70 年代和 80 年代，苏联还在与美国展开太空竞赛，在地球轨道上建立实验室以同时容纳更多的宇航员。相比之下，美国不再认为自己还在与苏联竞争（因为其已在登月竞赛中获胜），但也没能确立一个新的太空探索目标。美国选择以研制航天飞机的形式来追求技术的新高度。这与 20 世纪 60 年代的双方角色相反，当时美国明确提出了在苏联之前将人类降落在月球上的目标，而苏联则未能如期提供其确定的若干长期目标中的任何一项所需的资金，相反出于短期政治目的做出了一系列资金支持的决定。

格卢什科把 N1 火箭上使用的发动机扔进了垃圾堆，但实际上，库兹涅佐夫的团队还是囤积了大约 90 台发动机。冷战结束后，美国航天公司表示对这些发动机感兴趣，并购买了其中大部分。此外，苏联自己也改进了这些发动机，现在用于联盟号火箭。

撇开讽刺不谈，苏联曾在 20 世纪 50 年代军方对远程火箭的兴趣中受益，并以此作为实现与美国军事战略对等甚至是压制美国的一种方式。第一枚洲际弹道导弹的技术随后被科罗廖夫采用，首先将动物，然后将人类送入太空，为苏联及其政治意识形态赢得了巨大的声望。以军事为中心的思路在 20 世纪 60 年代对人类太空飞行进程起到了反作用，因为没有任何强有力的军事理由要将人类送入太空。

苏联的登月计划总是缺乏足够的资金来应对极其复杂的技术挑战，而空间组织内部项目之间的竞争又使这一问题复杂化。这些项目受政客的支持偏好影响，优先级经常变化，政策也经常出现 180 度大转弯。

1967 年，苏联决定实行三个月球计划（载人登月、载人环月和无人采样返回），苏联体制的混乱在其中体现得非常明显，这三个计划分别由不同的（也是新的）火箭发射——苏联将美国总统肯尼迪在 1961 年的"十年内登月"演讲曲解为宣传噱头，从而做出了这种危机决策。更糟糕的是，他们还在不断尝试更换 N1 火箭使用的发动机（每一次都导致了项目的延迟）。美国土星五号的成功发射表明，美国是认真地想把人类送上月球的。但苏联体制中的内部竞争导致资金和资源无法集中，而是分散到了所有可用想法之上。

美国的太空故事也始于军事，但原因与苏联不同。20 世纪 50 年代，美国最高领导人确认了太空成像是秘密获取苏联内部军事发展信息的唯一可靠方法。科罗纳（CORONA）间谍卫星计划和相关的运载火箭研发是由美国总统艾森豪威尔在 1955 年批准的。当苏联人在 1957 年发射第一颗人造卫星和 1961 年将加加林送入太空时，美国都能够迅速做出反应，这是因为它早已在进行太空探索。肯尼迪总统认识到公众希望美国宇航员领先于苏联，这直接催化了将人类送上月球的决定。

与苏联混乱的决策过程形成鲜明对比的是，美国拥有由艾森豪威尔创建的管理民用太空计划的 NASA。艾森豪威尔通常反对这样的计划，但如果这些计划本来就要发生，他希望能得到有效的管理。他发现，首先要指定一个独立于军方的政府机构来负责实施这些项目，但由于没有合适的机构，他建立了一个机构并最终成为 NASA。NASA的决策是公开和负责的，这样政客和纳税人就可以看到他们的钱是否花得值，并有依据地施加影响。

肯尼迪总统能够利用 NASA 来实现他的登月承诺，而不是依靠军队。NASA 之后帮助肯尼迪政府和后来的政府游说国会获得所需的资金，从单人的水星飞船到双人、可操纵、可对接的双子座飞船，再到三人的阿波罗飞船及其登月舱，这些进展都是统一战略的一部分。

1964年开始全面研制的土星五号火箭, 也是这一战略的重要组成部分。这些行动都不是试图解决军事需求或偏袒某些工业集团。

　　苏联缺乏一个与 NASA 相当的机构, 以及国会对其的监督, 这是其体制中的致命缺陷。所有的决定都是出于个人偏好和短期政治利益的原因做出的, 都没有外部监督。没有任何组织（除了军方）被授权做出长期资金支持决定, 来支持国家的太空目标。苏联没有任何太空战略——除了为他们的核弹开发远程导弹。每一项太空活动资助的决定都是根据当时的优先事项做出的, 这些优先事项可以因高级官员的个人影响而改变。决策是秘密的, 因此也不需要对公众负责。

第 9 章

为何至今人类还未重返月球

1972 年 12 月 12 日，阿波罗 17 号的宇航员哈里森·施密特用相机记录下指令长吉恩·塞尔南在月球表面手持美国国旗一角的画面，图中远处正是我们赖以生存的地球。阿波罗 17 号是阿波罗计划的最后一次任务，塞尔南至今一直保持着"月球上最后一个人"的头衔。

登月的绝唱

当哈里森·施密特（Harrison Schmidt）和吉恩·塞尔南（Gene Cernan）完成阿波罗 17 号任务，从月球返回地球时，他们曾以为还有机会在几年内重新登上月球。塞尔南于 1972 年 12 月 13 日（休斯敦时间）午夜时分爬上梯子返回登月舱，说道："我留下了在月球上的最后一个脚印，并将返回地球待一段时间——但相信在不久的将来我们会重新回来。"此时的他还没有意识到自己创造了怎样的历史（见图 9.1）。在接下来的至少五十年里，他成为在月球表面留下过足迹的最后一个人类。

当时，NASA 对于太空探索的下一步计划包括在月球上建立永久基地，就像在南极成立科考站一样。

当局对于继续使用土星五号运载火箭还是制造新的火箭以及许多其他技术问题存在着一些分歧。此外，苏联也在进行着登月计划。但令人感到奇怪的是，自阿波罗任务以后的五十年内，再也没有人去过月球，甚至没有绕月飞行，更不用说着陆在月球表面上了。

而通过对历史的分析，我们可以确定人类未能重返月球的三个主要原因：机器人技术的进步、政治意愿的缺乏以及军方兴趣的丧失。接下来，本章将对这三个原因逐一进行讨论，然后进一步探究人类重返月球的可能性。

（图源：NASA）

图 9.1　宇航员塞尔南和施密特为了庆祝"人类完成对月球的第一次探索"，
在月球表面留下的纪念牌。

只是因为资金问题吗

显然，登月计划受到阻碍的根本原因之一是资金问题。政府可以证明花费资金将宇航员送入地球轨道（比如国际空间站）是有道理的，因为这些活动中用于运送宇航员的火箭同样可以用于通信和导航卫星的发射，因此对于火箭的研发，其成本已经被分摊成数十份、甚至数百份。而足以将人类带到月球表面并返回地球的登月火箭并没有其他必要的用途，因此政府只能通过人类登月任务来向公众说明研发这类火箭的合理性。

在 20 世纪 60 年代，美国政府通过将载人登月任务列为国家战略目标来支持研发土星五号运载火箭所需的高昂成本。此外，载人登月活动也受到了来自美国国会和民众的广泛支持，因为在当时"打败苏联"已经成为美国社会的一个流行思想。

而苏联则在研制载人登月任务所需的 N1 火箭过程中遇到了很大的经费困难。苏联的官员们认为在登月计划中"打败美国人"是很重要的（民众在苏联社会中对此没有发言权），但随后又说其中很多研发资金必须来自军事预算。而军方则由于几乎看不到这种大型运载火箭的用途，因此未提供足够的资金。

时至今日，生活中的天气预报、电视广播、车载卫星导航或空中交通管制所需的卫星质量都不到 10 吨，其中许多甚至更轻。以电视广播所需的卫星为例，其通常位于距地面 36000 千米的高度，在该位置，卫星运行速度与地球自转速度相同，并始终保持相对地面静止（即地球静止轨道卫星）。要发射一颗 1 吨重的卫星至上述高度，需要火箭的运载能力，是能将卫星发射到距地面 640 千米高度处的火箭的运载能力的两倍。也就是说，发射一颗 10 吨左右的地球静止轨道卫星，与将质量约 20 吨的卫星发射到 640 千米高的轨道上对火箭运载能力的需求大致相当。而用于载人登月的土星五号运载火箭，其运载能力相当于可以将约 130 吨的重物送入 640 千米高的轨道。

表 9.1 是维基百科列出的世界各国现役重型运载火箭基本情况。其中，猎鹰重型运载火箭，可以将 50 吨以上的重物送入近地轨道（轨道高度 320 ～ 640 千米）。这款火箭会在后续第 10 章中进一步讨论，此处不再展开。

表 9.1 中除猎鹰重型火箭外其他所有火箭的运载能力均低于 30 吨；其中有六种火箭的运载能力在 20 ～ 30 吨之间，而联盟-FG 是唯一一款能将宇航员运送到国际空间站的运载火箭，虽然其运载能力不足 7 吨。为了便于对比，表 9.2 还展示了两种已经退役的运载器，分别为：24 吨运载能力的航天飞机以及土星五号火箭。

近年来，随着微电子技术的高速发展，各种人造卫星的尺寸不断缩小，但同时为了实现经济效益的最大化，它们的质量也存在着增加的趋势。在轻量化的发展趋势中，2018 年 1 月 20 日发射的 Carbonite-2 卫星就是其中的一个代表，该卫星可从太空拍摄短片，质量仅为 100

千克。而在 20 世纪 90 年代，此类卫星费用仅军方能负担得起，且重达几吨。而与轻量化发展趋势相反的一个例子是 2018 年 7 月 22 日发射到地球静止轨道上的电星 19V（Telstar-19V）卫星，这是迄今为止最重的商业通信卫星，发射时重达 7 吨多。

表 9.1　各国现役重型运载火箭概况（截至 2019 年 5 月 19 日，按名称字母排序）

名　称	国家 / 地区	近地轨道运载能力（吨）	发射成功次数
Angara A5（安加拉-A5）	俄罗斯	24.0	1
Ariane 5 ECA（阿里安 5 型-ECA）	欧洲	21.0	0
Atlas V 551（宇宙神 5 号 551 构型）	美国	18.5	9
Delta IV Heavy（德尔塔 4 号重型）	美国	28.8	11
Falcon 9（猎鹰 9 号）	美国	22.8	49
Falcon Heavy（猎鹰重型）	美国	63.8	2
GSLV Mk III	印度	10.0	2
H-IIB	日本	16.5	7
长征三号 B/E	中国	11.5	44
长征 5 号	中国	25.0	2
长征 7 号	中国	13.5	2
Proton M/M+（质子 M/M+）	俄罗斯	23.0	104
Soyuz-2.1A/B（联盟-2.1A/B）	俄罗斯	8.2（9.0）	60
Soyuz-FG（联盟-FG）	俄罗斯	6.9	68

表 9.2　退役重型运载飞行器情况

名　称	国家 / 地区	近地轨道运载能力（吨）	发射成功次数
Saturn V （土星五号）	美国	130.0	13
Space Shuttle （航天飞机）	美国	24.4	135

对于军方而言，质量不超过 10 吨，甚至轻得多的卫星也有着广泛的用途，比如间谍卫星、监听卫星、隐蔽通信卫星等。一般来说，军事任务的细节很难获取或者得到证实，但可以知道的是唯独美国卫星（可能是几颗美国间谍卫星）需要使用表 9.1 提到的火箭中运载能力最大（除猎鹰重型外）的德尔塔 4 号重型火箭。

当然对于以上概述之外存在的一些例外，我们将在第 10 章中进行深入讨论。在该章中，向太空发射具有高运载能力的重型火箭是未来发展中的一个重要主题。而现在，每年有 100 枚左右的商用、载人、科学研究和军事用途的航天器通过火箭发射升空，这些火箭可以将质量小于 30 吨的重物送入轨道。但这与阿波罗登月计划中可以把将近130 吨的航天器送入月球轨道并完成返回任务的火箭相比，运载能力相去甚远。

摩尔定律

也许，人类的登月之旅停止在 20 世纪 70 年代的最明显的原因是，从那时起，人类就被机器"超越"了。我们继续呼吸氧气、喝水、消耗与之前等量的食物，每天仍然要睡 8 个小时左右，体重与原来相同（甚至更重），占用与原来相同（甚至更大）的空间。另外，电子设备在完成相同工作量的同时，变得更小、更便宜。它们的耗电量越来越少，同时体积越来越小。

从手机、平板电视、数码相机、电子游戏机等设备中，我们可以找到电子技术不断发展的证据，尽管它们的体积越来越小，但它们的性能却越来越好，同时价格却没有增加（这一点可能在智能手机中得到了更多的体现，而对于笔记本电脑则相对较少）。1969 年在休斯敦的阿波罗控制中心，计算机和存储设备装满了整个房间，但时至今日它们的性能早已被现代智能手机中的处理器完全超越。而且，智能手机也不用像 1969 年那个时候的计算机一样，需要专门的发电站来提供运行所需的几十千瓦电力，也不需要工业级空调来防止仪器因为过热而起火。

计算机芯片制造商英特尔的创始人戈登·摩尔（Gordon E. Moore）针对 20 世纪 60 年代芯片的发展趋势给出了他的经验观点：计算机芯片的性能基本每隔两年就会翻一倍。芯片的这种发展趋势持续到 80 年代（见图 9.2），这个经验之谈被人们称为摩尔定律，以纪念他的准确预测。直到今天，这个定律依然准确，如果据此进行推算，则可以知道自阿波罗 11 号任务（发射于 1969 年）之后的 50 年内，电子设备的性能已经提升了约 3000 万倍。同时随着科技的发展，电子设备的性能还在不断提高。

　　现如今，随着电子技术的发展，想要进一步说服各国政府加大在载人航天活动上的投入变得更加困难，因为相对于当年成功登上月球并取样返回的苏联无人探测器（详见第 8 章），如今的电子技术能让这类设备的性能更加出众且质量更小。

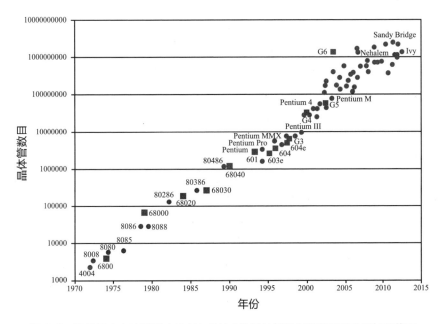

图 9.2　计算机中央处理器（CPU）芯片中的晶体管数量随着年份的增加趋势图（该图很显著地体现了指数规律——即摩尔定律，该定律不仅适用于计算机的运行速度，还适用于计算机内存和数码相机的像素）。

　　看到这里，也许读者对此有一定的疑惑，人类发射进入太空的火箭，其研发造价是否也能像电子产品那样逐年下降。实际上，即便是当今最成功的火箭，其中使用的一些技术仍与 20 世纪 60 年代相同，有些甚至和 40 年代的技术毫无差异。在过去的 50 年内，火箭的制造技术大约以每年 1% ~ 2% 的速度提高，而电子产品的性能却可以每隔几周就得到很大的进步！

独孤求败

自 1972 年 12 月阿波罗 17 号的宇航员吉恩·塞尔南登月以来，没有人再重返月球的第二个原因是，美国不再进行开销巨大的军备竞赛。

正如前几章所介绍的那样，美国决定为载人登月计划的巨额开支提供资金是为了向美国人民和全世界表明，美国是头号超级大国。成功登上月球则证明了苏联在太空领域的领导地位已经成为过去。苏联在 1957 年发射了世界上第一颗人造卫星斯普特尼克 1 号，1961 年又成功地将第一位人类宇航员尤里·加加林送入太空。将宇航员送上月球被认为是证明美国在太空领域处于领先地位的一个明确标志——就像在其他科学技术领域中一样，美国处于的世界领先地位。

美国和苏联在全球数个地区都处于近乎冲突的状态：从离美国本土很近的古巴到位于东亚的韩国，从欧洲的柏林到中国的台湾。两个超级大国都迫切地想要向世界展示其政治体制的优越性：美国的民主政府和苏联的共产主义。这两种意识形态之间的竞争不仅限于军事领域，还常常扩展到其他各个方面，包括体育（即奥运会上的金牌数量）、教育、卫生、农业、经济、住房、交通等。科学技术是美国认为其自身具有最明显领先优势的地方，但是苏联早先在太空领域的胜利使人们对此产生怀疑。而登月计划的顺利完成将使美国无可争议地重新确立其在世界范围内的科技霸主地位。图 9.3 为美国总统肯尼迪在莱斯大学发表关于航天事业演讲时的照片。

（图源：NASA）

图 9.3　1962 年 9 月 24 日，在得克萨斯州休斯敦莱斯大学，美国总统肯尼迪用一句令人难忘的金句化解了外界对他关于阿波罗计划巨额开支的批评："我们选择在这十年内登上月球和做一些其他的事情，不是因为它们容易，而是恰恰是因为它们很难。"

整个 20 世纪 60 年代，美国和苏联都扩展了他们太空活动的范畴——一次发射两名宇航员、进行太空行走、在太空中完成航天器的对接等。在美国，总统、国会、媒体以及公众都对其在太空领域超越苏联的想法给予了大力支持。因此，NASA 的经费在没有严重异议的情况下成为联邦预算中最大的项目之一。[1]

---

[1] 在 1965—1966 年，甚至需要高达 4% 的联邦预算来资助阿波罗计划（见第 5 章）。但从国内政治角度出发，这么做似乎没有任何好处。

当然，美国的确赢得了与苏联的太空竞赛。阿波罗项目所花费的资金也确实实现了既定目标，美国成为名副其实的超级太空大国，虽然苏联在太空领域也具有强大的科技水平，但在登月计划的实施进度上却不尽人意。在 20 世纪 70 年代中期，两个超级大国甚至同意联合执行太空任务，其中最引人注目的是阿波罗－联盟号任务，美国和苏联的宇航员在太空中会合并进行了联合实验。

一旦太空竞赛落下帷幕，美国总统以及国会中的许多人，包括媒体和公众便开始对 NASA 需要的经费总额提出了质疑。图 5.3 展示了阿波罗计划后，NASA 预算急剧下降的变化趋势。受限于经费问题，后续的登月飞行计划很快就被取消了；同样地，虽然火星是太空计划中显而易见的下一站，但探索火星的计划也被一并取消了。

但二十年后，一个调研美国航天活动目标的委员会（由实业家诺姆·奥古斯丁 [Norm Augustine] 担任主席的奥古斯丁委员会 [Augustine committee]）提出了一个问题：“我们是否会满足于一个不涉及人类飞行的太空计划？”针对这个问题，委员会在研究报告中写到“我们的答案是一个响亮的‘不’！”，但同时委员会也认为“对于民用航天计划的目标应该是什么，尚缺乏全国性的共识”。报告的结论是，NASA 的载人航天计划“应该根据资金的可用性进行调整”[①]，即使其长期目标是将人类送往火星，也要避免“遵守严格的时间表”这一原则。而与此形成鲜明对比的是阿波罗登月计划，即“无论付出多大代价，都要在 1969 年登上月球。”

---

① 报告中对此进行了着重强调。

1990 年的奥古斯丁报告和此后的许多其他报告都主张国际合作是未来人类进行太空探索的主要方式。奥古斯丁在报告中指出："国际合作是探索太空最具前景的一种方式。"

令人遗憾的是，奥古斯丁提出的合作设想与历史相背。一开始支撑各国对于太空探索的就是竞争。1955 年，苏联中央政治局批准了发展人造卫星，因为此前媒体报道称，美国将卫星计划列为优先发展对象。显然，美国和苏联之间的竞争更加推高了月球竞赛的热度。

冷战期间两个超级大国在军事领域的竞争尤为激烈。第二次世界大战后，美国是唯一拥有原子弹（通常被称为核武器）的国家。苏联的领导人斯大林决心不让美国成为唯一拥有这种武器的国家。他下令优先研制"这种炸弹"，1949 年，在美国原子弹计划中的几名间谍提供的情报帮助下，苏联引爆了一枚原子弹，这个进度比美国预期的要快得多。作为回应，美国再次优先发展威力更大的氢弹，并于 1952 年实现了这一目标。苏联人预料到了这一步，也开始研制自己的氢弹并于 1953 年实现了第一次试爆，此时距美国研发成功不到一年。

随着时间的推移，这两个超级大国的军备竞赛不断升级，并蔓延到那些可以向对方发射核弹的武器上：飞机、潜艇，尤其是导弹。而美国在部署导弹上比苏联更有优势，因为它在欧洲、中东、南亚和东亚都有盟友，近程导弹可以从这些地方直指苏联领土。此外，美国还拥有一支能够抵达苏联的大型远程轰炸机队。而苏联则缺乏接近美国腹地的盟友，也缺乏远程轰炸机，因此，导弹研发成为了他们的首要任务，一种是具有全球射程的远程导弹（所谓的洲际导弹），另一种则是可以由部署在美国东海岸和西海岸海底的潜艇发射的短程导弹（所谓的潜射弹道导弹）。

基于自身原有的火箭制造基础（苏联自 1941 年生产了 10000 枚喀秋莎 [katushya] 火箭炮发射器，这种武器在战场上给德国人留下了深刻的印象）以及战后从德国进口的技术和经验，苏联对于远程导弹的研制很快提上了日程。如第 8 章所述，科罗廖夫保留并改进了德国用于 V2 火箭的煤油和液氧燃料技术，并于 1957 年成功制造并试射了射程超过 8000 千米的 R7 导弹。同年，他对导弹进行了进一步的改进，并成功将人造卫星送入太空，进而开启了人类的太空时代。

美国对人造卫星的一些政治反应几乎是歇斯底里的，甚至进而触发了一些影响苏联进一步发展的事件。例如，美国参议院领袖林登·约翰逊（后来成为副总统，再后来成为总统）声称"控制太空意味着控制世界"，他利用自己在参议院的影响力[1]，主张将太空引入国防范畴之中，并支持 NASA 大幅增加预算。此外，美国国防部研究部负责人赫伯特·约克（Herbert York）也公开主张实施一项强有力的军事太空计划。

这两个人的言论主张也更加让苏联领导人相信其太空计划需要具有更多的军事属性，而不仅仅是科学和外交。这直接导致苏联在 1960 年制定了一个秘密的"太空计划"，包括研制能够将 100 吨具有军事用途的有效载荷送入轨道的火箭。尽管缺乏资金来实现这个计划，但

---

① 当时林登·约翰逊是美国参议院航空航天科学委员会（Senate Aeronautical & Space Sciences Committee）主席以及参议院多数党领袖。

它为接下来十年内的 N1 月球计划运载器研发活动提供了背景依据。

　　与美国的竞争加剧了苏联将第一位宇航员尤里·加加林送入太空的紧迫性。科廖罗夫不仅在研发东方号飞船以便将人类送入太空，他还在研制行星探测器，更关键的是，他还参与建造军事监视（间谍）卫星。当天顶（Zenit）卫星侦察到美国正在测试其科罗娜（CORONA）间谍卫星时，天顶卫星在苏联军事力量中的地位便迅速提高。1960 年1 月，科罗廖夫的上司德米特里·乌斯季诺夫（Dmitriy Ustinov）[①] 指示他，没有比天顶侦察卫星计划更重要的事情。然而，仅仅六个月后，美国水星载人航天计划的突破就打乱了苏联的全部计划。

　　从 1957 年斯普特尼克卫星的制造开始，苏联就开始了与美国的太空竞赛，并一直处于领先地位[②]，但是同时也使苏联需要被迫地不断进行各种试验从而保持其领先地位。因此，当美国公布其第一批宇航员进入太空的安排后，苏联就开始计划抢先完成这一目标。在1960 年秋天，苏联领导人赫鲁晓夫和他的副手弗罗尔·科兹洛夫（Frol Kozlov）把整个苏联的研究重心放在了东方号载人计划上，命令科廖罗夫在当年12 月前将一名苏联宇航员送入太空。而这一紧迫的任务没能如期实现，尤其是在当年 10 月 24 日，拜科努尔发射台上发生了远程导弹（科廖罗夫的对手扬格尔研制的 R16 洲际导弹）的严重爆炸事故，该事故造成了包括战略导弹部队总司令马歇尔·内德林（Marshal Nedelin）在内

---

　　① 当时苏联的军事工业委员会（Military-Industrial Commission）主席。

　　② 苏联在太空计划中实现的多项纪录：首次将动物送入太空（1957年11月），首次送动植物进入太空并安全返回（1960年8月），首次完成月球探测并实现探测器硬着陆（1959年9月）等。

的约 130 人伤亡，这使与拜科努尔发射台有关的所有活动被推迟了几个星期。而导弹的主要研发工程师扬格尔本人则勉强躲过一劫，因为爆炸发生时他在一个掩体里抽烟。

但最终，1961 年 4 月 12 日，苏联仍然成功地将第一位人类宇航员送入了太空——加加林乘坐东方一号进入太空——为苏联为期三年半的太空霸主地位加冕，同时这也超越了美国宇航员艾伦·谢泼德在同年 5 月 5 日完成的亚轨道太空飞行，在历史上留下了浓墨重彩的一笔。

但竞争有时候会带来一些负面的影响。在第 8 章中，我们分析得到苏联各产业集团之间的竞争导致了项目的分散，同时，各个项目的优先级又不断被改变。苏联缺乏将竞争转化为积极影响的市场调控机制。他们批准了多个旨在实现类似目标的计划，这使包括资金在内的诸多资源无法集中在一个项目上，从而导致苏联无法在登月计划这种重大项目上击败美国。正如太空历史学家阿西夫·西迪奇所说："在由一个中央领导的社会主义苏联体制中，资源受国防部门的需求调控，'竞争'引发了混乱"。而在美国，竞争往往会带来创新，因为工业集团为了超越竞争对手并赢得更多市场份额，会不断改革前行。

国际合作成果也并没有那么辉煌。自 21 世纪初以来，人类在太空飞行方面的合作主要在国际空间站（International Space Station，以下简称 ISS）方面。迄今耗资超过 1000 亿美元的国际空间站在运行和维护过程中遵循着奥古斯丁报告中的建议，即灵活地使用（大量的）经费。与阿波罗任务相比，国际空间站所取得的成就相对难以界定，而折算到今天，阿波罗任务的成本也仅略高于 1000 亿美元。早在 20 世纪 70 年代，NASA 就宣布人类距离登陆火星还有 20 ～ 30 年的时间，而在国际空间站上花费了相当于阿波罗登月计划的预算费用之后，他们距离这个目标仍还有 20 年甚至更久的时间。

当然，竞争也可以促进其他科学领域的发展。以人类基因组计划为例，在该计划中，来自企业家克雷格·文特（Craig Venter）领导的私营组织的竞争促使有大量资助的公共部门合作研究小组至少提前两年完成了该项目。类似地，早在 20 世纪 50 年代，剑桥大学的克里克（Crick）和沃森（Watson）在受到来自加利福尼亚大学的莱纳斯·鲍林（Linus Pauling）的竞争压力下，成功地率先一步发现了 DNA 分子结构。

竞争关系的存在不仅仅可以促进公共部门和大学组织的发展。在 20 世纪 60 年代，IBM 作为当时世界上最成功的计算机公司，其传奇首席执行官托马斯·沃森（Thomas J. Watson, Jr.）在公司的年度股东大会上，收到了这样一个问题：如何证明资助 IBM 内部的两个实验室同时研究同一项课题的合理性。他回答说，鉴于研究课题的重要性，"您怎么能证明不资助两个实验室同时研究是合理的呢？"沃森明白，适当程度的竞争会激发人们的潜能，使他们更清晰地专注于实现自己的目标。在当时 IBM 所处的商业环境下，它必须领先其他计算机公司，因此在内部开展竞争是十分有必要的。

即使在美国，缺乏市场调节的竞争也可能招致弊端。冷战时期，核武器升级的根本原因是美国国内三大武装部门之间的竞争，这是美国的政治体系的直观体现，而其结果是美国和苏联各自拥有了足够多的核武器，足以数次摧毁地球上所有的生命。

20 世纪 60 年代的登月竞赛充满了政治气息——世界上的两个超级大国都在试图向世人展示本国政治体制的优越性。直到今天，此类竞争仍然存在，尽管可能不是完全以这种方式存在。以今天美国和中国之间的竞争为例。从美国的角度来看，与中国的竞争基础是商业：

- 中国已经取代了美国，成为全球范围内最大的制造业国家。

- 美国从中国进口的产品远远超过了向中国出口的。2017 年，美国服务业创造的 400 亿美元收入被 3760 亿美元的商品贸易逆差完全碾压。

而从中国的角度来看，来自美国的竞争压力不仅仅体现在商业上，政治关系上的压力也不容忽视：

- 中国在南海建造的人工岛受到了美国海军舰艇的不断挑衅；对于美国来说，这是在公海保持航行自由的行为，而对于中国来说，这是在强行建立航行自由。

- 美国插手台湾问题是在干涉中国内政。

中美之间的太空竞争很多时候是通过一些间接的行为表现出来的。在太空，两国每天都有大量军事卫星进行着探测监视活动。早在 2007 年，中国就公开向自己的一颗气象卫星发射导弹，使其失效，从而证明了自己的反卫星技术，后来中国也确实表示这是一种西方媒体已经报道过的反卫星武器。

　　美国也积极地监视着其他国家的地球静止轨道卫星，也就此发表了一些公开声明。2014 年，美国空军太空司令部威廉·谢尔顿（William Shelton）将军宣布，美国将通过一个名为地球同步轨道空间态势感知计划（Geosynchronous Space Situational Awareness Program，GSSAP）的系统监测地球静止轨道上的物体（见图 9.4）。第一对 GSSAP 卫星于 2014 年 7 月 28 日发射，第二对卫星于两年后发射。美国空军网站公开表示，它们的目的是接近其他人造卫星："GSSAP 卫星在地球静止轨道附近运行，并有能力执行交会和接近操作（Rendezvous and Proximity Operations，RPO）。RPO 允许太空飞行器在感兴趣的静止轨道卫星附近机动，从而分辨异常情况同时加强监视。"GSSAP 采用的技术已经通过 2006 年发射的 MiTEx 试验卫星进行了测试。

（图源：美国空军）

图 9.4　两颗美国地球同步空间态势感知计划（GSSAP）卫星的示意图，用于侦察和监测地球静止轨道上的卫星。其他国家的卫星似乎也做了类似的事情——接近另一颗地球静止卫星，然后监听其通信。迄今为止，这一活动并未伤及其他卫星，但这也许只是时间问题。

现如今，中美两国之间竞争态势正在加剧。正如我们在冷战期间看到的，太空竞争可以成为超级大国展示其实力的非暴力竞技场。那么，中美之间的竞争会出现这种情况吗？

各国之间在太空的竞争也可能呈现出商业化的态势。中国向尼日利亚等少数国家提供了商业卫星，显然，中国在尝试与受援国建立一种新的关系，这种关系比任何一种贸易关系都要重要。当然，外交关系的增进可以通过邀请另一个国家的宇航员访问空间站来实现——冷战期间苏联曾多次使用这种方法。如果中国（或任何其他国家）即将有一个可行的登月计划，那么邀请他国的宇航员一同参加将是一个强有力的外交工具。

除了国家之间的竞争，我们也不能忽视传统的商业竞争。2007 年，谷歌发起了一项无人月球车竞赛——谷歌月球 X 大奖赛（Google Lunar X-prize）。大约有 20 支来自全世界的队伍试图"使一艘太空飞船登陆月球，在行进 500 米的同时将拍摄到的高清视频和图像传回地球"。其中 5 支队伍赢得了价值 525 万美元的二等奖，但此后一直无人能摘得价值 2000 万美元的一等奖。

时至今日，谷歌月球 X 大奖赛的一些竞争对手仍然十分活跃，其中一家就是月球快车（Moon Express）公司，该公司已获得来自 NASA 的一些资助，用于尝试将探测器送上月球。这家公司始终坚持"月球是地球的第八大洲，拥有着可以为人类带来巨大财富的宝贵资源"的想法，这也是它以"重返月球并解锁其奥秘和资源以造福人类"为长期目标的基础。

2018 年 9 月，由航空业巨头空客公司牵头的，用以替代谷歌月球
X 大奖赛的国际竞赛在欧洲问世，在这项国际竞赛中，开发出可持续
月球探测技术的团队将获得一定数额的奖金。这类技术包括了使用月
球材料制造工具或建筑、产生用于月球夜间照明的能源、生产一瓶月
球水、建造和运行月球温室等技术。

在特朗普政府执政期间，NASA 承诺让工业界更多地参与到载人
登月（和火星）探索中来，因此对太空探索而言，之后可能出现更多
的是商业形式的竞争。

而事实也是如此，在吉姆·布里登斯汀（Jim Bridenstine）担任
NASA 局长后不久，相关政策就付诸实施。原本 NASA 准备自行开发研
制的月球车——资源探勘者（Resource Prospector）被叫停，取而代之的
是"商业月球有效载荷服务（Commercial Lunar Payload Services）"项目
竞标，在选出中标者后，月球车任务才会继续进行。

类似的事件还发生在乔治·布什（George W. Bush）政府执政期间，
当时将向国际空间站运送货物的任务开放给了外界供应商，并选择两
家供应商[1] 来竞争（同时选择两家的原因也是为了避免出现诸如破产
等因素影响任务执行）。后来政府还选择了两家私营公司[2] 来执行国际
空间站的人员运输任务，尽管到目前为止仍未有任何相关任务执行。

那么，对于商业公司来说，他们应当如何参与到人类对月球的探
索中来呢？吉姆·布里登斯汀曾说过："通过公共资金来支持私募股

---

[1] 轨道ATK（以前称为轨道科学[Orbital Sciences]）公司和SpaceX。

[2] 波音和SpaceX。

权和私募资金，以实现更多的贸易、更多的经济增长，从而巩固美国在太空探索以及其他科学技术领域的领导地位。"在谈到向国际空间站运送人员和货物的行业时，他指出，这"可以延伸到月球及其周围"（甚至延伸到火星）（见图 9.5）。

（图源：NASA/ 比尔·因伽尔斯 [Bill Ingalls]）

图 9.5 左：在特朗普政府中执行 NASA 航天政策的主要官员威廉·格斯滕迈尔（William H. Gerstenmaier），政策中包括工业产业等关键问题。右：美国前国会议员吉姆·布里登斯汀就任 NASA 局长后在副总统迈克·彭斯（Mike Pence）前宣誓。在国家太空委员会主席彭斯的支持下，布里登斯汀表示愿意在月球门户计划中更多地探寻工业界加入的可能性。

引入商业公司正确性的一个有效佐证是在 2018 年 9 月，当时 NASA 要求业界竞标提供月球门户（Lunar Gateway）计划的初始模块，该模块主要涉及电力和推进单元，将为未来整个系统提供电力（50 千瓦）和用以机动的火箭推进器。之后的其他模块将采取与建立国际空间站类似的方式，搭建完成整体的组装。最终 NASA 将选择两家公司来建造并发射电力和推进单元，发射目的地是月球附近。只有在为期一年的演示期结束时，NASA 才会决定是否购买这两家供应商提供的产品，这也是 NASA 预计发射月球门户计划中其他模块的时间。与之前购买国际空间站运输飞船不同的是，这种方法主要依靠于在各类轨道上部署商业卫星的经验。

与 50 年前，甚至 20 年前相比，一个重要的新因素是越来越多的商业公司愿意投资开发大型火箭。在航空航天业巨头之一波音公司的支持下，目前仍然可以通过 NASA 的传统方法来研制新型火箭，他们与 NASA 的太空发射系统（SLS）合作共同研制发动机，该项火箭计划最终能够搭载 100 吨或更多的载荷进入轨道。此外，其他商业公司也在进行着他们的火箭研发计划，诸如蓝色起源（Blue Origin）正在开发的新格伦（New Glenn）火箭，宣称到 2020 年他们能将 45 吨重的载荷送入轨道，而 SpaceX 公司的猎鹰重型火箭已经能够将 60 吨以上的载荷送入轨道（并计划推出更强大的超级重型［Super Heavy］火箭 /星际飞船［Starship］）。考虑到开发太空发射系统超级火箭所付出的昂贵费用，NASA 是否能够开发出一种如 SpaceX 或蓝色起源研发的类似（或更好）火箭，同时其成本更低？

当 NASA 每年都要为说服国会批准其预算而头疼不已时，这两家商业公司投资者的财富都是归个人所有，因此可以更自由甚至毫无顾忌地做出长期投资决策。

以蓝色起源为例，该公司的主要投资人杰夫·贝佐斯（Jeff Bezos）作为世界首富（他的日常工作是运营他的另一家公司亚马逊），希望"未来工业能脱离地球，从而利用整个太阳系以及太空其他星系的资源"。引用他自己曾说过的话就是："如今，我们必须重返月球，并且这次要留在月球上。"他认为阿波罗 11 号登月计划是一个本末倒置的行为，因此是不可持续的。他表示有兴趣与 NASA 合作将货物运送到月球表面。而 NASA 不想合作，贝佐斯说："我们自己也会继续做。但是，如果与 NASA 合作，我们可以更快地实现这些目标。"

SpaceX 的 CEO 埃隆·马斯克（Elon Musk）也同样是一个亿万富翁[①]，因此 SpaceX 能够实现很多富有远见的技术方案。此外在没有政府资助的情况下，SpaceX 成功研发了世界上性能最为强大的火箭——猎鹰重型火箭。它的有效载重超过 60 吨，在 2018 年 2 月成功完成试飞后的五个月内，SpaceX 已与五位客户签订合同。另外，外界预计马斯克将继续推进猎鹰重型火箭的开发，使其具备能够将宇航员安全带入太空的能力，但事实上，马斯克的计划是研发更为强大的超级重型火箭与星际飞船，目的在于将约 150 吨的载荷（包括人类宇航员以及货物）运到地球轨道，同时实现火箭的重复使用功能。

SpaceX 和蓝色起源之间的竞争会引发另外一场"月球竞赛"吗？杰夫·贝佐斯说，他决心实现他在地球以外进行工业生产的愿望，并将不断地为了这个愿望而努力，直到他的资产耗尽。如今，他每年花费大约 10 亿美元的资金来资助蓝色起源，不过他名下大约有 1300 亿美元的财产，因此目前来看，耗尽资产这种情况显然不太可能发生。本书将在第 10 章进一步讨论 NASA、SpaceX 和蓝色起源之间的关系。

---

① 随着特斯拉以及他所参与的其他公司的市值起伏，马斯克在福布斯富豪榜上的名次也波动不定：2019年5月10日，马斯克在全球福布斯富豪榜上位列第四十名。

军方兴趣的丧失

一开始，军方对太空探索充满浓厚的兴趣。20 世纪 30 年代，年轻的沃纳·冯·布劳恩在德国军队资助他的团队时，对火箭技术的兴趣日渐浓厚。军方利用了结束第一次世界大战的凡尔赛条约（*Treaty of Versailles*）中的漏洞——该条约虽然禁止德国开发新型火炮，但是对火箭的研发并没有任何制约。因此，尽管早期的火箭可靠性很差，但陆军还是愿意资助沃纳·冯·布劳恩进行研发，以期获得一种新型的"火炮"。

V2 火箭是沃纳·冯·布劳恩设计并最终投产的一款火箭，也是第一个能够将设备送入太空的飞行器（虽然未能进入近地轨道，但已经可以做到在大气层上方保持几分钟的稳定飞行）。

讽刺的是，由于是为陆军军方工作，沃纳·冯·布劳恩在德国工作时只能专注于无人航天器。但如果他得到来自空军的赞助，那么他可能会为后来的 V1 巡航导弹［盟国称其为"嗡嗡炸弹"（buzz bomb）］研制一款火箭发动机，从而促进航天飞机这类产物的诞生，而不是仅仅制造出木星／土星系列火箭。

美国对于太空的探索也始于军方。当时的美国总统艾森豪威尔就是出于军事目的提出了最早的美国太空计划。为避免发生外交事件，艾森豪威尔授权了一项民用科学太空计划来隐藏包含在其中的军事监视卫星计划。然而，这一切在苏联 1957 年 10 月发射斯普特尼克 1 号卫星之后就发生了变化，艾森豪威尔同意进行专门的民用太空计划，并创建了 NASA 来对该计划进行管理。对于 NASA 来说，从国防部的太空计划开发中衍生或共同合作得来的许多技术与经验，具有很重要的意义。在肯尼迪总统执政期间，阿波罗计划的早期支持者之一是美国国防部长罗伯特·麦克纳马拉。他对政府给予 NASA 资金支持的行动表示欢迎，因为这些经费将最终流向支撑他所在部门工作的航空航天公司，这样探月计划在不花费部门经费的情况下也会进行得更加顺利。

自 20 世纪 60 年代以来，美国政府通常在民用和军用航天器均可使用火箭的时候，才批准对火箭的经费支持。其他经济体也是如此，以欧洲为例，阿里安（Ariane）火箭的研制在 20 世纪 70 年代得到了很大的支持，其理由是为了欧洲军事卫星的顺利发射，从而摆脱对美国或苏联的依赖。然而，人们意识到为了满足军事目的而研发优化火箭的成本十分昂贵，因此，决定成立阿里安公司参与商业航天器合同的竞争，从而达到降低自身火箭研发成本的目的。

早在 20 世纪 60 年代，美国军方就资助了一项载人航天计划，但在 1969 年，也就是阿波罗 11 号任务的前 1 个月，该计划遭到了终止。载人轨道实验室（Manned Orbiting Laboratory，MOL）是美国空军的一项研究计划，旨在研究载人航天的军事用途。近年来解密后公开的信息显示，其实际任务是在轨道上放置一颗具备载人监视和军事巡逻功能的卫星。

　　当时美国政府的想法是，与无人侦察系统相比，有人侦察系统可以更有效、更快地调整侦察覆盖范围，以应对可能的危险和目标。但由于越南战争范围的扩大，国防预算的压力越来越大，同时 NASA 项目中大量的重复性工作及无人监视系统性能的提高（也许是最重要的因素），迫使尼克松总统取消了 MOL 计划。当时这项计划已经进行了5 年，花费了 15.6 亿美元（约合现在的 80 亿美元），创建了一支军方宇航员团队（见图 9.6），但从未向太空发射过载人飞船。

（图源：美国空军）

图 9.6　1965 年 MOL 计划中的第一组美国空军受训宇航员。从左到右依次为：迈克尔·J. 亚当斯（Michael J. Adams），美国空军；阿尔伯特·H. 克鲁斯（Albert H. Crews），美国空军；约翰·L. 芬利（John L. Finley），美国海军；理查德·E. 劳耶（Richard E. Lawyer），美国空军；拉克兰·麦克莱（Lachlan Macleay），美国空军；弗朗西斯·G. 纽贝克（Francis G. Neubeck），美国空军；詹姆斯·M. 泰勒（James M. Taylor），美国空军；理查德·H. 特雷利（Richard H. Truly），美国海军。

美军依旧对无人民用太空计划感兴趣，通信或遥感用途的商业和科学航天器与军方的需求也相符。一般而言，军用无人航天器需要具备抗太空核爆炸辐射、抗无线电干扰和抗相机致盲等功能。此外，其制造技术与商用航天器类似，可以使用同一火箭从同一发射场发射入轨。因此，美军渴望看到商业和科学太空计划的发展，因为美国军方将从新兴技术的进步及共享发射场等基础设施的经济投入中受益。

此外，美军积极支持在北极和南极的科学探索活动，因为这两个地区都具有极高的战略意义，尤其是北极。外太空则是另一个具有战略意义的领域，军方经常与 NASA 合作对太空环境进行研究。然而，合作的重点在于无人航天器，对于载人航天则几乎没有任何合作。

当谈到今天的载人航天活动时，美军倾向于将其视为一项汲取资金的活动，用于更好地提高商业或科学航天器的进步。因此，美军对载人航天飞行的看法充其量是保持中立，甚至可能会极力反对。

而对于登月计划，美军确实与 NASA 合作进行了一项机器人登月任务（如图 9.7 所示），这是 1994 年克莱芒蒂娜（Clementine）探测器拍摄的在当时最精细的月球表面图像。克莱芒蒂娜探测器由美国海军研究实验室建造，主要用于测试各种新材料和设备（军方的主要需求），同时也承担一些科学研究（NASA 的主要需求）。

如果美国国防部真的认为月球具有重要的战略意义，他们至少会鼓励 NASA 在那里建立永久性的基地，甚至可能提供技术和财政支持。但是，由于月球不是战略重点区域，NASA 只能靠自己进行月球探索。美国历届政府都大力支持 NASA 将宇航员再次送上月球，但同时

尽可能避免为其投入资金，这表明月球不是其国家战略上的重要目标
之一。

（图源：NASA/JPL/USGS）

图 9.7　由美国克莱芒蒂娜探测器拍摄的数千张图像组合在一起得到的月球背面图像；
左上角的黑暗区域是莫斯科海（Mare Moscoviense）。

　　如果美国认为重返月球对国家具有重要的战略意义（就像 20 世纪
60 年代那样），那么国防部就有足够的动力来影响甚至阻挠其他国家
的探月计划。在这种情况下，NASA 就可以寻求到足够的政治支持来

资助另一个阿波罗计划。

自冷战结束以来，即使在行事风格较为激进的总统弗拉基米尔·普京（Vladimir Putin）的领导下，俄罗斯的太空活动也没有那么步骤了。虽然俄罗斯军方仍在发射用于侦察、通信及导航的卫星，但减少了像美国窃听卫星这样成本高昂的项目。近年来，俄罗斯的民用科学飞行任务也相对较少，远远落后于美国雄心勃勃的木星和土星探测任务，以及过去 10 年来一直在火星表面探索的火星车。在俄罗斯将空间实验室项目与美国及其盟国的空间实验室项目合并后，俄罗斯人必须解决国际空间站关闭后要做什么的问题。在过去的 20 年中，俄罗斯军方对载人航天任务的兴趣非常有限，因此，很难看到他们对于人类重返月球计划的推进与支持。

而在过去的 20 年中，中国一直在进行一系列为期 5 年的太空计划，包括将宇航员送往太空，然后发射运行可供宇航员停留的空间实验室。当前的计划是进一步扩展这一项目，使空间实验室成为永久性或几乎永久性的有宇航员驻留的实验室，这也许需要其他国家的参与和帮助。此外，这项太空计划还要求研发一系列新型火箭，包括最终能够将 100 吨以上的载重送入轨道的超重型火箭。

可以肯定的是，如果中国发布一项长期计划，那么该计划中的任务进展将得到最大的优先权。在这些计划的 5 年期限内，它们具有最高的优先权；而相比于之后再被批准的计划，其优先权可能较低。目前，中国已实现用无人探测器探索月球。对于未来 5 年的计划，其目标尚不明确，但绝对不能排除载人登月的可能性。

　　归根结底，军事利益的存在可以保证任何特定的太空计划都可以获得大量资金的支持。而在另一方面，如果涉及的军事利益很少或根本没有，比如重返月球，那么军方将不会提供资金，甚至可能会反对，以防止原本属于他们的资金流失。

艺术家渲染的太空发射系统（SLS）的飞行概念图。SLS 将作为有史以来最强大的深空探测任务火箭，承担 NASA 重返月球的任务，甚至将飞向小行星、火星以及太阳系内的其他目的地。值得一提的是，除了 NASA，商业航天公司也将目光瞄向了深空。

第 10 章

美国的重返月球之路

至今为止，已经有三位美国总统（都是共和党人）承诺将要实施重返月球甚至登陆火星计划，他们分别是：老布什总统，小布什总统（提出 2020 年重返月球，2030 年登陆火星），唐纳德·特朗普总统（提出 2024 年重返月球，21 世纪 30 年代中期登陆火星）。虽然他们做出了这些承诺，但目前这些计划都还未得到必要的资金支持。

为了能准确预测人类重返月球的时间，本章将从 NASA 的计划开始，进行一系列的分析。随后，从商业公司的角度来分析美国的其他计划，然后进一步研究美国以外的国家。

NASA

与 50 年前的阿波罗计划不同，NASA 局长吉姆·布里登斯汀正在对重返月球这一计划做出改变。

- 第一个重大改变在于不再直接通过发射火箭将宇航员送上月球，而是通过在绕月轨道上建设载人运行的"月球门户"间接登陆月球，宇航员每次执行任务时将在那里度过一年或更长的时间（见图 10.1）。在进行正式登月计划前，NASA 将从"月球门户"上发射探测器并着陆在月球表面，为宇航员的登陆做足准备。但对于为什么将这样一个空间站放在离地球轨道如此远的地方，NASA 的解释却含糊不清，只是强调这项计划能够为后续登陆火星计划提供充分的经验。计划于 2024 年进行的月球登陆将使用初步建设完成的"月球门户"。

- 第二个改变是邀请国际"合作伙伴"参加登月计划。50 年前的阿波罗登月计划完全由美国独立完成，但是在如今的计划中，其他国家可以付出一定额度的资金参与到登月计划中来。

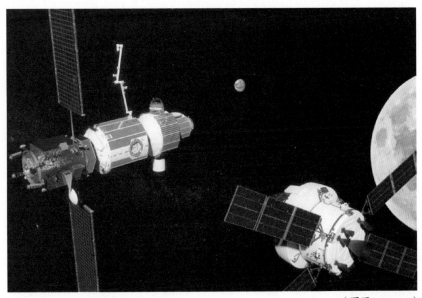

（图源：NASA）

图 10.1　早期版本的"月球门户"概念图：补给飞船（右）即将对接"月球门户"（左）。

在过去十年里，NASA 每年都花费数十亿美元来推动"月球门户"计划。下面将对他们在这些年所取得的成果进行小结。

火箭

NASA 一直在资助一项与工业界联合研发的大型运载火箭计划——

太空发射系统（Space Launch System，以下简称 SLS）（见图 10.2），以期达到阿波罗计划中大推力火箭一样的运载能力。但布里登斯汀一直对这项计划颇有微词，他试图改变这项计划，转而购买商业运载器。布里登斯汀特别希望类似的运载器可以被重复使用，但 SLS 却无法做到。传统的火箭在完成发射任务、耗尽燃料后会沉到海底。太空探索技术公司（SpaceX）和蓝色起源（Blue Origin）的火箭在发射后能够被回收并重新加注燃料进行重复使用（目前为止，大型火箭的第一级可以再次回收使用，但第二级或其他级仍无法重复使用）。

（图源：NASA/MSFC）

图 10.2　NASA 的太空发射系统（SLS）早期版本概念图。

飞船

此外，NASA 也一直在资助工业界开发猎户座（Orion）登月飞船。

但布里登斯汀对此与对火箭研发的态度类似，他希望这艘飞船可以重复使用，这表明他正在考虑使用可回收、重复使用的 SpaceX 太空飞船来执行往返国际空间站的任务。

工业界扮演的角色

NASA 原计划自主实施完成登月计划（包括整个计划的运行以及选拔宇航员）。但如第 9 章所述，NASA 对此做出了改变，它希望工业界能研发一些"月球门户"的组件，并将其发射至月球轨道。2019 年 NASA 已经向工业界开放了"月球门户"计划中关于能源和推进系统模块的合同。推进系统模块能够使"月球门户"改变其所在的运行轨道，不仅可以确保航天器整体与月球保持一定的距离，建立与地球之间的良好通信；也能够使航天器整体机动到相对靠近月球的位置，以便于探测器 / 登月舱的着陆。通常来说，NASA 在发布类似的需求时，会确切地说明关于系统的具体指标和要求。但这一次，NASA 的要求只有一点：提供关于"月球门户"计划中能源和推进系统设计的最佳方案，保证系统以良好的工作状态飞向月球。

布里登斯汀在评论关于这项计划中最令人好奇的部分时，巧妙地引用了一段著名啤酒厂的广告词："月球门户"计划能够让 NASA 到达月球上更多前所未及的地方。但是他并未说明如何去实现这一目标。而面对来自宇航员和其他人的批评时，布里登斯汀提到了特朗普总统 2017 年签署的一号太空政令，其中主要强调可持续发展以及伙伴关系的重要性（相对任务时间节点来说更重要）。他说："当再次重返月球时，我们的宇航员将举着美国国旗踩在月球的土地上，与以前从未去过月球的其他国家宇航员一起并肩站立，体现出美国的领导地位。"

布里登斯汀还声称，与阿波罗登月计划不同，NASA 的这次重返月球将是一项持续性的任务，但他需要改变 NASA 计划中的许多细节，否则事情就会适得其反。

而其中一个典型的例子就是，NASA 正在研制的、巨大的太空发射系统（SLS）火箭使用的是航天飞机项目留存下来的 16 个 RS-25 发动机。这些发动机经过了大量的测试，仍然具备良好的性能：它们参与执行的 135 次飞行任务取得了 100% 的成功。这些 RS-25 发动机已经完成了数次航天飞行任务，但在 SLS 火箭的计划中，在完成每一次的发射任务后，就会有 4 个发动机被废弃并丢入大海。因此在完成 4 次 SLS 火箭发射后，将不再有剩余的 RS-25 发动机。从短期来看，使用剩余的 RS-25 发动机来完成 SLS 火箭的发射是高效的，但并非长久之计。目前的计划是将在 21 世纪 20 年代重启 RS-25 发动机的生产线。NASA 已经赋予洛克达因一项 12 亿美元的合同，生产 6 台新的 RS-25 发动机。航天飞机遗留下来的这些发动机是大约 20 年前制造的，所以可能有一些灰尘和铁锈需要先清除。假设生产线可以被重新投入使用，但每台新发动机仍然是一次性使用的。正如布里登斯汀所说，可持续发展的做法是在多次 SLS 火箭发射任务中重复使用每台发动机，就像当时在航天飞机上的做法一样。

RS-25 发动机很强大，但事实上，在每次飞行的前两分钟，SLS 火箭的大部分推力都来自绑在其两侧的两个巨型助推火箭。它们是世界上最强大的火箭助推器，虽然与航天飞机上使用的助推器相似，但其推力性能要再提升 25%。因此，航天飞机项目中累积下来的研发经验正被用于 SLS 火箭的设计优化。而埃隆·马斯克的猎鹰火箭在完成发射任务后可以返回并垂直着陆，在以后的发射中可以重复使用，这显然是一种可持续使用的火箭。但遗憾的是，SLS 火箭的助推器在使用后无法回收并再使用。就像焰火一样，它们会在耗尽燃料后从大气层掉落，最后沉没在大西洋底。具有讽刺意味的是，这些助推器的航天飞机版本曾经是可以被回收并进行重复使用的，而 SLS 火箭助推器的无法回收也显然成为另一个与布里登斯汀的可持续发展观念背道而驰的例子。

SLS 火箭的第一级推进由航天飞机发动机和捆绑式助推火箭组合提供动力。而将 SLS 送入轨道的第二级，其推进动力的来源，是以现有的发动机设计作为蓝本进行设计优化，比如基于现有联合发射联盟（United Launch Auiance）的德尔塔 4 号（Delta IV）火箭。SLS 火箭第二级的发动机也是一次性的消耗品，也就是说，在完成发射任务后它们也将被直接丢弃。2020 年 SLS 火箭将进行第一次试射，同时将一个空的猎户座飞船带向月球，绕行一周左右后返回地球。然后在三年后进行第二次发射，并将四名宇航员带向月球，飞掠月球后直接返回地球（不进入绕月球轨道）。这两个任务旨在验证 SLS 火箭和猎户座飞船在今后一系列深空任务中的可靠性。再之后的任务三和任务四将使用相同类型的二级发动机，试图在绕月轨道上建立"月球门户"，并按计划在 2024 年前发射月球着陆器，将美国宇航员带上月球，并成功返回地球。

在完成上述发射任务后，从第五次发射开始，SLS 火箭在第二级将使用 4 台发动机代替原本的 1 台发动机。而新的 4 台发动机都将是之前发射时使用的发动机的增强版本，但是这种设计的成本超支让 NASA 不得不考虑换用另一种发动机。改进后的第二级火箭能够使 SLS 火箭携带 105 吨有效载荷入轨，相比之下，前四次发射的有效载荷为 70 ~ 95 吨。改进后的新型 SLS 火箭计划于 2024 年左右完成首次发射。而这些二级火箭都只能使用一次后就被丢弃。

可以肯定的是，SLS 火箭将进一步优化改进，并期望最终能够将 150 吨左右的载荷送入地球轨道，从而超过土星五号火箭的运载能力。因此从原则上来讲，SLS 火箭可以通过一次发射来完成载人登月的任务。至于 SLS 火箭超高级版本何时能够顺利完成尚未有明确结论，但对于原本定于 2020 年末发射的 SLS 火箭过渡版（105 吨运载能力）已经改到了 2024 年发射，那么对于超高级版本，其发射日期可能会在 2030 年左右。这款运载能力高达 150 吨的 SLS 火箭将需要新型且推力更大的捆绑式助推器，而不是简单地进行优化设计，因为目前使用的助推器已经是"世界上最强大的火箭助推器"。如果考虑到 SLS 二级火箭的重复使用，那么效仿埃隆·马斯克的猎鹰火箭是一个可行的方案——完成火箭的回收，然后重新加注并再次使用。

以可持续的方式重复使用 SLS 火箭的发动机可能会使它的开发过于昂贵。利用航天飞机捆绑式助推器的经验，继承其原发动机，可以降低研发成本。但是实际上，SLS 火箭的研发并不便宜。根据 2017 年 NASA 监管会的一份报告，截至 2018 年 9 月 30 日，NASA 已经在

SLS 火箭、猎户座飞船的研发以及卡纳维拉尔角等地的地面设施的保养维护上花费了 230 亿美元。而 NASA 的 2018—2019 年度预算继续保持这一投入，计划将为 SLS 火箭研发提供超过 20 亿美元的资金，同时耗资 20 亿美元用于猎户座飞船的研发和相关地面设施的建设。

NASA 内部监管会在 2018 年 10 月的一份报告称，高成本似乎是由 NASA 及其工业承包商波音公司的管理不善导致的。波音公司的花销"是最初计划的两倍"，而任务的完成情况却比预计"滞后两年半甚至更久"，因此可以直接断定 NASA "成本的增加和工作进度的延误主要是由其承包商波音公司的糟糕表现所致"，再加上"NASA 的合同管理原本就存在瑕疵"，其中包括由于"NASA 的评估存在缺陷"而向波音公司支付了"过高的奖金费用"。你可以想象在收到这样一顿抨击之后 NASA 是怎样的惊慌失措，但他们的第一反应仍然是继续支持 SLS 火箭的研发计划（至少从公开的表现来看）。

如果埃隆·马斯克的 SpaceX 和杰夫·贝佐斯的"蓝色起源"可以在很少或根本没有政府资金支持的情况下制造类似的火箭（下文将会讲述这两家公司对于火箭研发的情况），那么 NASA 每年在 SLS 火箭的研发上花费高达 20 亿美元的资金是否有意义？尤其是当工业承包商的工作做得不好的时候。因此在考虑到可以节省巨额成本的情况下，布林登斯汀希望使用商业火箭的想法确实值得深思。

从长远来看，NASA 计划在 2025 年前结束对国际空间站（ISS）每年 30 亿 ~ 40 亿美元的资助，从而改为对"月球门户"和随后的月球表面任务提供资金。该计划想让私营公司介入并承担国际空间站的运营责任，而 NASA 将成为在需要时从国际空间站的新所有者那里购买服务的众多客户之一。而国际空间站是否真的能够吸引私营公司的投资，在一定程度上取代 NASA 原本计划提供的雄厚资金（来自纳税人缴纳的税金），这一点让很多人怀疑。

2017 年，另一项 NASA 的内部监察报告显示，NASA 在进行经费预算的评估时存在"包括与收入和成本有关的一些过于乐观的假设"，比如假设货物运输成本为每千克两万美元，而实际上目前的成本约为这一数字的 3 倍。而且，"在近 20 年的运营中，空间站的表现让人很难看到其潜在的商业价值"，这也导致监管会对 NASA 的上述规划提出一定的质疑。

从商业角度来看，只要当 NASA 在 2025 年停止提供资金，私营公司就可以抓住机会承包国际空间站。但是，由于国际空间站原本就受到来自美国，以及包括加拿大、欧洲各国、日本和俄罗斯在内的各个国家持续的政策及资金支持，商业公司想要介入国际空间站进行管理将会十分困难。美国国会已经提出了一项草案，计划在共和党和民主党的共同支持下，保证美国对国际空间站的资助延长至 2030 年。但如果到 2024 年后，NASA 每年仍然需要为太空站提供 30 亿美元或更多的经费资助，那么原本将宇航员送入月球轨道的计划将被暂时搁置，同时使宇航员登陆月球的日期进一步延后到 2030 年左右。但随着时间的不断推移，美国国会是否会继续支持重返月球的计划，为其提供经费呢？有人会说，从政治角度来看这显然不现实，这个计划不可能持续下去。

NASA 公布的计划在许多方面都存在变数，除非布里登斯汀能有方法控制 SLS 火箭及猎户座飞船的天价成本——比如取消它们。那么剩下的航天飞机发动机足以完成四次发射，其中两次作为试射，另外两次则进行深空探测或其他探测器的发射任务。在那以后，通过商用火箭将宇航员运送至"月球门户"，从而避免为 SLS 火箭的研发投入更多经费。

虽然"月球门户"计划的可行性尚存疑虑，但其仍有一定的可取之处。这项计划有着许多吸引人的地方，也许可以为以后太空探索提供参考。

不论采取何种计划来达到"重返月球"这一目的，第一步通常都是先发射无人探测器完成绕月飞行，以便建立月球背面的通信和导航，因为月球背面无法从地球上直接观测。这些绕月飞行的探测器还可以提供潜在可着陆区域的详细图像，此外无人探测器可以在月球表面着陆，分析月球土壤的组成，从月岩中提取氧气，甚至在着陆区域移动，完成样品采集并带回地球等进行实验分析。通常来说，只有当这些无人探测任务完成后，才会进行载人登月计划。而美国、苏联在 20 世纪 60 ~ 70 年代已经完成了这些事情。

宇航员可以在"月球门户"上对月球表面的所有探测器进行监控，并通过无线电控制探测器进行活动，就像无线电遥控无人机或无人船一样。宇航员已经可以通过运行于地球轨道上的国际空间站远程控制地球表面的探测车，因此从月球附近的轨道控制月球探测车应该也是同样可行的。

但是早在 20 世纪 70 年代，苏联人不就已经可以通过地球上的控制中心控制月球上的月球车（Lunockod）了吗？同样，中国在 2013 年至 2014 年完成了"嫦娥三号"探月卫星的发射，并完成玉兔月球车的登月，在 2019 年发射了"嫦娥四号"探月卫星和"玉兔二号"月球车，这些都是通过地球上的控制中心完成的。那么对于 NASA 而言，建立"月球门户"是否真的有必要？诚然，通过地球的无线电来控制月球上的探测器存在一些困难，特别从月球车发射信号到地球控制中心接收到信号之间，至少存在一秒多的延迟。但鉴于无线电信号以光速传播，而地月之间的距离为 38 万千米，这种信号的延迟是无法避免的。

假设宇航员正从地球上操纵一辆月球车，接收它从月球发回的实况图像，并通过无线电操纵方向盘以避开障碍物驶向目的地，实况图像从发送到接收需要 1.25 秒，而同样，看到图像后做出的转向指令需要 1.25 秒才能到达探测车。因此对于探测车而言，这个转向的动作延迟了 2.5 秒。不仅如此，由于地理位置的因素，从月球发送回的信号存在其他因素导致的延迟，所以月球车发送的信号可能会延迟三四秒而不是两秒半。

但是如果宇航员身处月球轨道运行的"月球门户"中，那么距离月球车最多只有几千千米，相比地球和月球之间的距离少了数十万千米。因此，信号接收的延迟将小于 0.1 秒，而不是 3 秒，宇航员将可以接近实时地控制一辆月球车。

此外，某些任务还需要探测器钻入月球表面并采集样本，这意味着对于探测器的指令发送需要非常精确。当然，对于某些任务来说，

3 秒的延迟并不重要，但在有些情况下，对于探测器的操作可能需要几乎即时的反应，而从"月球门户"通过无线电对探测器进行操纵将使这种"实时控制"成为可能。

因此，主张将宇航员送到绕月轨道，从而提升探索月球的效率也是有一定意义的。

如今，自动驾驶、自动钻孔和自动手术技术也已逐渐兴起，对于自动驾驶车辆（尤其是在不用担心其他车辆、行人或骑自行车的人的情况下），在设定目的地后，车辆就会进行自动驾驶，直至抵达目的地。而最新的手术工具也可以由外科医生完成程序的设定，通过微型手术机器人完成病人体内手术，从而避免了外科医生因为手抖产生的手术风险。

那么为什么不先尝试从地球上操作月球车和样品采集装置呢？如果切实证明了无线电信号的传输延迟对探测任务有明显的影响，到时候再把宇航员送入绕月轨道来执行这些任务，以减少信号传输延迟。本来机器技术就是朝着减少人工直接参与的方向发展的。

现如今宇航员已经开始进行远程操作试验。在图 10.3 中，NASA 宇航员杰克·菲舍尔（Jack Fischer）在地球上方 400 千米的国际空间站内远程操作位于德国境内的"罗林·贾斯汀"（Rollin' Justin）号巡视器。

另一个试验则是远程测试了位于加拿大魁北克省圣阿方斯·德格兰比的采石场的"朱诺"（Juno）号巡视器。选择该采石场的原因是其与月球的崎岖地形十分相近。图 10.4 展示了欧空局任务控制中心的工程师们正在控制距离 6000 千米外的"朱诺"（Juno）号巡视器。

（图源：NASA/ESA）

图 10.3　NASA 宇航员杰克・菲舍尔自 2017 年 8 月 28 日就开始在国际空间站调试位于德国境内的巡视器。作为 ESA 项目的一部分，德国宇航局的巡视器被命名为罗林・贾斯汀，这项测试旨在探索宇航员从太空中远程控制巡视器的方法。保罗・内斯波利（Paolo Nespoli，欧洲）和兰迪・布雷斯尼克（Randy Bresnik, NASA）等国际空间站的资深宇航员也为这个项目提供了帮助。

为了验证需要高精度、快反应的操控是否也可以通过这种远程方式进行，欧空局进行了另一项试验。2015 年 9 月，欧洲宇航员安德烈亚斯・莫根森（Andreas Mogensen）在国际空间站远程操控了位于德国一个实验室内的装置，将一个金属连接器放置在一个容腔中，该容腔对连接器的机械公差容限仅为 0.15 毫米。值得一提的是，从国际空间站发出操纵指令到该实验室，信号传输了约 16 万千米的距离。首先，信号从空间站传送到距地面高度 36000 千米的地球静止轨道中继卫星，然后到达美国的地面终端，再通过另一颗地球静止轨道卫星中转传递到达德国！因此基于这些和其他类似的试验，基本确认可以在地球操纵位于月球背面的探测器——例如，在那里装配一个望远镜。

（图源：ESA）

图 10.4　2017 年 10 月，一位 ESA 的工作人员在德国远程操纵位于加拿大魁北克圣阿尔方斯·德格兰比一个采石场的"朱诺号"巡视器，选择该采石场作为测试地点的原因是其具有与月球类似的地表特征。欧洲和加拿大航天局正在联合研究如何使用无人巡视器探索月球，这项试验可以研究远程操控巡视器在月球表面行动时可能遭遇的情况。

但是有些观点认为将宇航员送上月球还是十分必要的。英国的一位行星科学家就评论说："从离月球只有几百千米的高度操控月球探测车要比从 38 万千米以外的地球进行操作容易得多；如果你在地球上，那么对月球车的控制就（可能）会变得非常困难。"很有意思的一点是，中国即将尝试对位于月球背面的月球车进行远程操控，这个试验的结果将证明上述的悲观言论或者德国试验的可靠性。

而如果把研究对象从月球换成火星，那么显然，情况将完全不同。地球和火星之间传送信号的延迟至少在 3 分钟，至多可以达到 20 分钟左右。因此在环绕火星轨道上的宇航员能够控制火星表面的探测车，但在地球上，从发出指令到接收信息需要等待很长时间。在火星轨道建立类似的"门户"是十分有意义的，但是建立"月球门户"显得不是十分合理。

为了便于操控在月球表面运行的探测设备并不是建造"月球门户"的唯一理由。另一个目的是让宇航员习惯生活在地球磁场的庇护之外（距地面 300～500 千米高度的国际空间站仍然受到地球磁场的保护）。对于 NASA 而言，要借此探索出一种管理方法——管理一次营救身处险境的宇航员的任务。在开始对火星进行探索之前，现在也许可以在离地球近一些的地方——月球进行这些方案的预演。

例如，国际空间站对于其中 90% 的水和 47% 的氧气进行了循环利用，但如果需要执行为期三年的火星任务，那么这项技术就需要进一步改进，使这一指标达到 98%（水）和 75%（氧气）以上。此外，地球轨道以外的辐射危害需要特殊的防护措施和技术。NASA 局长布里登斯汀指出，人类在太空中每停留一个月就会损失 1%～3% 的骨量，因此火星之旅（三年）将会变得很艰难。他认为，在对月球探测的过程中能够研究和测试解决这些问题的技术，并学会如何减少问题发生后带来的影响。

为期一年的绕月飞行任务将使 NASA 及其合作伙伴相信，关于火星的探测飞行任务是可以安全进行的。布里登斯汀说："月球是在前往火星探测前的最佳试验场。"

值得一提的是，让宇航员驻留在环绕地球的轨道上且处于更高的高度时（例如，地球静止轨道高 36000 千米），也可以得到许多上述测试需要的结果。但是地球静止轨道上的辐射环境可能不如月球上那样恶劣，因此值得考虑的是在距离地面 64000 ～ 80000 千米的高度上进行测试，因为在这一高度上航天器每天将有数个小时的时间位于地球磁场的主要保护区域之外。这样就可以避免送宇航员前往环月轨道（针对建设"月球门户"的提议），从而节省大量的经费，完成许多测试。也许这些测试的过程没有那么令人兴奋，但更利于地面的掌握与监控。

在 2018 年 11 月，一些看起来是 NASA 最坚定的拥护者对 NASA 的计划公开提出了质疑与批评。即使人们愿意相信并支持官方宣布的 2028 年 NASA 将完成宇航员的定期登陆月球计划（上文已经提到，"21 世纪 30 年代初"更有可能是实现这一目标的日期），作为倒数第二个登月的人，阿波罗 17 号的宇航员哈里森施密特说："这个日期看起来没有紧迫感。"宇航员艾琳·柯林斯（Eileen Collins）（1999 年和 2005 年担任航天飞机任务指挥官）说："2028 年离我们太远了，我们应该可以更快地完成这一任务。"前美国宇航局局长迈克·格里芬（Mike Griffin）说："2028 年完成重返月球的目标太晚了，甚至不值得摆在桌面上。"格里芬接着批评了整个"月球门户"的计划，他称其为"一个愚蠢的方案"。格里芬不仅仅是 NASA 的前任局长（2005—2009 年），也是现任美国国防部首席技术官，因此完全有能力理解其中涉及的技术问题。

受到这些批评的刺激，美国副总统彭斯在 2019 年 4 月宣布，NASA 将在 2024 年前将宇航员送上月球，并警告说，如果 NASA 无法实现这一目标，那么"我们就需要改变这个部门，而不是任务本身"。他说，NASA 必须转型为一个更精简、更负责、更灵活的组织，必须"全力以赴"。对此，布里登斯汀做了进一步解释，他说，SLS 火箭的第三次发射将把登月飞行器送入太空，而"月球门户"的一个初步改型将是计划的一部分。NASA 以外的专家们很快提出了一些方案，其中涉及已经完成了几次发射任务的 SpaceX 的重型猎鹰火箭。它的每次发射所需的成本约 9000 万美元；而按照 NASA 的计划使用尚未测试验证的 SLS 火箭，它的每次发射费用将会超过 20 亿美元。

NASA 目前面临的挑战是说服国会为计划的加速提供资金。外界专家的预计是将需要 150 亿～ 250 亿美元的额外资金，而这个数目对于国会而言难以接受。NASA 最初的请求是为 2019—2020 财政年度额外拨款 16 亿美元，然后在接下来的几年要求更多的拨款。布里登斯汀将此描述为一种"预付款"，并承诺第一次的登月任务将包括一名女性宇航员。他还将这项计划命名为阿尔忒弥斯（Artemis），这个名字来源于神话中阿波罗的孪生姐姐。一开始要求国会提供比预期更少的资金的策略很可能会让这项计划得以顺利进行，并让 NASA 有时间研究出到 2024 年实现登月的最佳技术方案。一些评论员指出，在神话中，阿尔忒弥斯杀死了猎户座之神（至少在某一些版本中是这样的），这意味着用商业火箭或推进装置替换过时并且超预算的猎户座飞船可能是 NASA 的想法之一。

仍健在的登月者中最年长的宇航员巴兹·奥尔德林的观点可能是最激进的。他说："我反对'月球门户'计划。""你为什么要运送一个宇航员到处于地月之间的太空中，然后在那儿再使用一个着陆器登陆月球？"他认为建立"月球门户"作为登陆月球的中转站是"荒谬的"。

总而言之，纵观 NASA 的计划，虽然比特朗普总统在任时已经有所改进，但仍然难以令人放心。似乎要到 21 世纪 30 年代左右，NASA 才能够用自己研发的火箭定期地将宇航员送上月球。然而，现在有一个机会，NASA 能够在 2024 年左右完成"重返月球"这个目标，让许多质疑它的声音沉默。这个计划有可能创造像苏联曾在 20 世纪 60 年代初达成的许多个"太空第一"那样的头条新闻，但从长远来看，对于资源的使用显得有些本末倒置。在完成"重返月球"的目标之前，SLS 火箭可能在那个日期之前还没有准备好，而且无论如何造价都非常昂贵，那么 NASA 会忍气吞声使用商业运载火箭吗？从长远来看，运送宇航员长期驻留在"月球门户"的计划似乎也与现在正不断发展的探索技术逐渐脱节。

上述是政府部门正在做的事，对于工业界的私人公司而言，他们将要为"重返月球"提供什么样的支持呢？本章后面将继续阐述。

SpaceX 与埃隆·马斯克

早在 2002 年，31 岁的埃隆·马斯克已经富有到可以退休了。马斯克是在线支付系统 PayPal 的主要开发人员之一，当 eBay 在 2002 年以 15 亿美元的价格收购了该系统后，作为 PayPal 的最大股东，他已经不再需要工作，仅靠着 eBay 的分红就能够让他富足地度过一生。于是他决定将自己的精力转向自己的童年梦想——建造火箭，这就是 SpaceX 的由来。

2002 年，马斯克从零开始，招募了许多加利福尼亚州航空航天界经验丰富的工程师，致力于实现他对于火箭回收再利用的设想。他认为如果不解决重复使用问题，那么火箭的造价将始终居高不下。就这样，慢慢地，在一次次跌跌撞撞的试验后，马斯克逐渐实现了他的梦想，而 SpaceX 现在也成为世界领先的火箭制造商。2018 年，SpaceX 火箭占据了全球航天发射市场的 18%，占美国发射总量的 68%。特别是猎鹰 9 号的飞行非常引人注目，在完成二级入轨后，SpaceX 的猎鹰 9 号火箭重新启动了第一级火箭 9 个发动机中的 3 个，并顺利地回收了一级火箭，以便第二次重复使用（见图 10.5）。2018 年 5 月，SpaceX 还发布了新型发动机（官方对此型号命名为"Block 5"），并宣称可重复使用 10 次。

（图源：SpaceX）

图 10.5　猎鹰 9 号一级火箭从太空返回并降落在大西洋的平台上：
接近平台（左图）、完成着陆（右图）。

　　马斯克是一个典型的硅谷人士（见图 10.6），"一切皆有可能"和
"努力工作直到倒下"这些计算机行业的默认行规已经深入他生活工
作的方方面面，因此，SpaceX 在社交媒体上宣传他们的成绩也就没什
么好稀奇的了。SpaceX 在 Facebook 上发布了在海上平台和在卡纳维拉
尔角火箭回收的视频，马斯克本人也经常在推特上发布关于每次发射
的各项事宜。硅谷文化是尽可能地自己做完每一件事，而不是把工作
外包给其他专业公司。不仅如此，务实以及不墨守成规也是硅谷文化
的特征之一。2010 年猎鹰 9 号第二次发射的前一天，工程师在第二级
发动机的喷管上发现了一条裂纹。马斯克并没有建议他的工程师们花
一个月的时间拆卸火箭并更换发动机进行维修，而是选择将裂缝以下
的喷管底部全部切掉。在经过团队评估后，认为进行切除所造成的唯
一影响将是单台发动机的推力略小了一点，而这些许影响完全不会导
致发射失败。随后，一名 SpaceX 技术人员带着切割剪来到发射台完成
了这项操作。第二天，猎鹰 9 号成功进行了发射并首次将"龙飞船"
（Dragon Capsule）送入太空。而这仅仅是 SpaceX 所展现的实用主义

和开放精神的一个小小缩影，这些事件也不禁让许多人想起执行阿波罗任务期间的 NASA。令人遗憾的是，在阿波罗计划之后，NASA 工作人员的平均年龄不断上升，在 20 世纪 90 年代就已经达到 50 岁，导致 NASA 逐渐失去了一些富有冒险精神的年轻人才。

（图源：史蒂夫·贾维森）

图 10.6 2015 年的埃隆·马斯克。

这些实用主义和务实精神不断地体现在 SpaceX 制造火箭的过程中，因此 SpaceX 的火箭成本不断降低，其中猎鹰 9 号的造价比许多西方国家制造商（比如阿里安 5 号型火箭）的成本低了将近 40% ~ 50%。

低廉的制造价格、令人印象深刻的成功率（截至 2019 年 5 月 11 日，72 次发射中仅有 2 次失败）、回收火箭时进行黄金时间段的现场直播以及铺天盖地的宣传，都让世界其他火箭制造商对 SpaceX 趋之若鹜。

欧洲的制造商被迫开始重新规划，并逐步淘汰昂贵的阿里安 5 号火箭，并用较小但更便宜的阿里安 6 号取而代之。SpaceX 的异军突起迫使欧洲两家火箭公司合并，借此达到更大的资产规模。此外，欧洲的公司也正在研究回收火箭的可能性，但目前为止尚无显著的进展。

而如果想要实现"重返月球"的目的，就需要一种比猎鹰 9 号推力更加强大的火箭。2018 年，SpaceX 进行了重型猎鹰火箭的首次试射，其运载能力超过 60 吨。这次试射并没有携带任何载荷，只装载了一辆马斯克的特斯拉电动汽车作为宣传噱头。除了投资 SpaceX 进行火箭的研发制造，在其他空余时间，马斯克还试图建造特斯拉电动车来颠覆世界范围的汽车制造业。

重型猎鹰火箭是自 50 年前土星五号重型火箭退役以来推力最强大的火箭。除此之外，目前推力第二强的德尔塔 4 号（也称三角洲 4 号）重型火箭，其运载能力却不到重型猎鹰火箭的一半。接下来，本文将进一步分析 SpaceX 是如何获得研发重型猎鹰火箭的资金的，并将其与上述 NASA 尚在研究中的 SLS 火箭进行对比。

刚起步时，SpaceX 凭借自己的资金开发了一款小型火箭"猎鹰 1 号"，并在市场上进行了商业推广，于 2008 年实现了首次成功发射。正是这第一次的成功发射阻止了 SpaceX 公司的倒闭，而在这次成功发射前其实已经有了几次失败。马斯克说，他最初预计 SpaceX 成功的可能性只有 10%。在一次发射失败后，马斯克指出"失败很糟糕；导致火箭发射失败的原因可能有成百上千个，但是只有一种方案可以让火箭成功发射[①]。""我不会让朋友投资,因为我不想让他们失去他们的钱。"马斯克在谈到 SpaceX 时说。相反,他通过出售自己在 PayPal 中的股份,换取资金投入到 SpaceX 的研发计划中,"值得庆幸的是,SpaceX 现在还没有倒闭。但是如果之前出现任何变故,那么 SpaceX 可能已经倒闭了。"

SpaceX 将其已经成熟的火箭型号的合同收入以及公司资金用来投资开发推力更为强大的猎鹰 9 号火箭和安全往返太空和地球之间的"龙飞船"。与此同时,NASA 正在寻求商业公司对火箭以及航天器进行研发,以用于运载货物甚至运送宇航员往返国际空间站。2006 年 8 月,SpaceX 成为第一家入选的公司,为自己赢得了一份价值 2.76 亿美元的合同,这一笔资金用于进一步完成猎鹰 9 号和"龙飞船"的开发。这从侧面也促成了 2010 年猎鹰 9 号的一系列成功试飞,并在其中一次试飞中对"龙飞船"进行了测试。随后在 2012 年"龙飞船"首次完成了向国际空间站运送货物的任务。在国际空间站上的宇航员唐·皮蒂(Don Petit)在目睹龙飞船执行任务时说:"这看上去像一条龙跟着我们。"

SpaceX 从 NASA 以及世界上其他的商业航天运营商那里收获了许多合同,涵盖通信、导航、监测以及其他种类卫星,甚至还有部分来自美国军方的合同。所有这些合同都是在与其他制造商竞争后赢得的,因此不存在是否滥用了纳税人的钱的问题。相反,在 SpaceX 进入商业航天市场后,其他公司向美国政府提供的报价下降了 20% 甚至更多,进而为美国的纳税人节省了数亿美元(见图 10.7)。

---

① SpaceX 团队称他们的火箭爆炸是"一次快速的计划外拆卸",但这种幽默并不能消除失败带来的痛苦。

（图源：NASA）

图 10.7　巴拉克·奥巴马（Barack Obama）总统（左）在 2010 年与埃隆·马斯克（右）在卡纳维拉尔角的 SpaceX 发射台周围散步。奥巴马的这次访问是在他成功劝说国会取消 NASA 的星座计划（Constellation）超级火箭后进行的（因为该项目的预算项目金额翻倍，达到 340 亿美元），并借此给商业公司一个机会，马斯克与奥巴马会晤后说：
"我认为（奥巴马）是想知道我到底是可靠的还是有点疯了。"

　　一个典型的例子是，NASA 在 2014 年与波音公司和 SpaceX 分别签订了两份合同，用于为国际空间站宇航员提供往返地球的飞行。其中波音公司的合同价值是 42 亿美元，要求其最多进行 6 次航天飞行，每次飞行可以运送 4 名宇航员，而 SpaceX 公司将最多只要 26 亿美元，就可以达到相同的任务要求（这比波音公司少 16 亿美元）。从这个角度来看，SpaceX 直接为美国纳税人节省了 16 亿美元。试想一下，如果 SpaceX 没有参与到这项合同的竞争，帮助 NASA 压低波音公司的报价，那么 NASA 与波音公司之间的合同金额甚至比现有的更高。

在 2017 年，SpaceX 还成功地将已经完成发射任务的第一级火箭进行了回收。此外，SpaceX 不仅顺利完成地面的火箭回收任务，还成功完成了在海上平台的火箭回收。而这些火箭回收的视频在 YouTube 上被疯狂转发，看起来就像是科幻小说中描绘的场景。这些回收的火箭在进行翻新后将用于以后的发射。对于现在大多数猎鹰 9 号火箭，它们的发动机都是之前已经执行过发射任务的，因为这样做有助于降低 SpaceX 的发射成本。

在与传统火箭研发供应商争夺商业合同的同时，SpaceX 已经开始着手在内部开发重型猎鹰火箭。重型猎鹰火箭的设计思路很简单——把三个猎鹰 9 号绑在一起进行测试飞行（见图 10.8），并在完成飞行任务后对火箭进行回收，以便重新加注进行下一次任务。马斯克最初计划重型猎鹰火箭将在 2013 年完成试飞，但事实证明，这比他想象的要困难得多。每一个猎鹰 9 号火箭都配了 9 台需要煤油和液氧的梅林（Merlin）发动机。而为了满足重型猎鹰火箭的设计，将 27 台梅林式发动机安装在一起，就需要从火箭外部向内部建立复杂的燃料输送管路。因此，重型猎鹰火箭的中心火箭（SpaceX 将其命名为"芯级"）不得不进行大规模的重新设计。马斯克对此还调侃道："三枚火箭在完成燃料的加注后就相当于 1800 吨的 TNT 炸药。"

（图源：SpaceX）

图 10.8　猎鹰重型火箭于 2018 年 2 月进行了首次试射。其本质是将三枚猎鹰 9 号火箭绑在一起，从而将 60 吨以上的有效载荷送入近地轨道。这是自土星五号火箭问世半个世纪以后第一款具有超大运载能力的火箭。这次试飞的三枚火箭中有两枚成功从海上平台进行了回收，而第三枚则因燃料耗尽而无法回收。

2017 年，马斯克在进行一场演讲时说："事实上，完成重型猎鹰火箭的研发比我们想象的要困难得多。一开始听起来真的很简单。只需要把两个原火箭的第一级作为捆绑助推器，这能有多大难度？但随着事情不断发展，一切都变了。火箭上的负载变了，空气动力学状态变了，振动和噪声放大了 3 倍。火箭芯级受到的压力负载是难以想象的，因为有两个超级强大的助推器也影响着芯级，所以整个芯级火箭箭体必须重新设计。之后还要考虑分离系统。事实就是这样，我们遭遇了比原来想象多得多的困难，我们起初的想法相当幼稚。"

在 2018 年 2 月进行首次试射时，马斯克再次重申了遇到的一些困难："当火箭突破音障时，就会产生超音速的冲击波。火箭因此可能会受到一些冲击，或者当两个冲击波相互作用并放大冲击效应时，这可能会导致箭体结构在跨音速飞行时发生故障。"设计研发的工程师们还担心火箭上面级产生的冰有可能滑落，击中两侧助推器的鼻锥。马斯克说："那就会像加农炮弹打在这些鼻锥一样，产生严重的影响。"

尽管对组合而成的27台发动机整体进行了全面的地面测试，但就像马斯克说的"有太多的东西在地面测试中是测不出来的。"其中一个特别棘手的问题是有效载荷整流罩底部和侧助推器之间的气动力。由于两侧助推器的压力分布和相互作用不同，这个问题研究起来十分困难，SpaceX总裁兼首席运营官格温恩·肖特韦尔（Gwynne Shotwell）就曾经提及这个情况："这是一个（气流）相当复杂的区域"。

然而，根据肖特韦尔的说法，在试射中最具挑战性的部分可能是在起飞后两分半钟后两侧助推器分离的过程。2017年，SpaceX的工程师已经测试了助推器的分离机制，并模拟了助推器分离过程的效果，但正如肖特韦尔说的那样，"要想真实地测试，火箭必须试射，同时在空中完成两侧助推器的分离，而那肯定是一个让人紧张的时刻。"

"在测试重型猎鹰火箭的过程中，最令人担心的是加速阶段。"肖特韦尔还说，"火箭第二级的飞行过程，重型猎鹰火箭与猎鹰9号火箭的情况基本相同，包括整流罩（火箭顶部用于保护卫星及其他有效载荷的外壳）也是一样的。因此，一旦度过了助推器加速阶段最令人担忧的三分钟，那么后续的过程就好多了。"

在2018年2月的试飞中，在火箭发射的两分半钟后，两侧助推器分离，只剩下重型猎鹰火箭的芯级继续飞行 31 秒。马斯克对此评论说："那个时候重型猎鹰火箭的飞行状态就像猎鹰 9 号火箭一样。"两侧助推器都曾执行过之前的猎鹰 9 号火箭发射任务，它们又伴随着四次音爆同步降落在卡纳维拉尔角的着陆平台。与此同时，火箭的芯级也与上面级分离，并试图降落在一艘漂浮在佛罗里达州东海岸约 480 千米的无人船上。然而，由于主发动机的推进剂不足，无法重新启动发动机在低空进行制动，芯级只能以每小时 480 千米的速度落入大海。

重型猎鹰火箭的第二级继续飞行进入轨道，随后带着马斯克的樱桃红特斯拉跑车朝火星的方向加速而去。

而在重型猎鹰火箭发射的当天，超过 10 万人来到卡纳维拉尔角和附近的佛罗里达海滩来见证这一历史性的时刻。同时，超过 200 万人在 YouTube 上观看现场直播，超过 1500 万人在接下来的两天里点击观看了发射的重播，关于发射视频的评论超过 3 万条。此外，将近 1100 万人还观看了被送入太空的特斯拉车内的相机拍摄到的景象。

"截至目前，我们收到的投资可能比我想公开承认的要多得多。"马斯克在 2018 年 2 月重型猎鹰火箭的首次发射时说道。后来外界猜测 SpaceX 收到的总投资额超过了 50 亿美元，甚至可能更多。

总体而言，SpaceX 预计每年可以卖出大约 4 枚重型猎鹰火箭——两枚火箭发射和国家安全有关的载荷，两枚用于承载商业通信卫星。到目前为止，没有任何客户的需求会接近重型猎鹰火箭的负载极限，即目前 SpaceX 在其官网上宣称的重型猎鹰火箭运载能力（发射至近地轨道的有效载重 63.8 吨）。

如果将重型猎鹰和 NASA 的 SLS 火箭进行对比。可以发现这两种火箭的研发立项时间都是在 2010 年左右。然而到 2018 年，重型猎鹰火箭已经能够成功完成发射任务，并将重达 64 吨的载荷送入轨道，整体研发制造成本约为 5 亿美元。而 SLS 火箭仍在研发之中，预计首次发射时间在 2020 年，已经花费了超过 120 亿美元的纳税人资金（是重型猎鹰火箭的 24 倍），公布的运载能力在 75 ~ 90 吨（这个数字会不时地发生变化）。重型猎鹰火箭的每次发射成本约为 9000 万美元，而 SLS 火箭的每次发射成本却高达 10 亿美元以上。

与其为一次 SLS 火箭的发射支付 10 多亿美元，不如将有效载荷一分为二，花费 1.8 亿美元用两枚重型猎鹰火箭进行发射，然后在太空中把这两个部分重新组合起来。诚然，将有效载荷的拆分与重组需要一些额外的花费，但仍然可以节省将近 8.2 亿多美元。

重型猎鹰火箭比 SLS 火箭便宜的原因之一是它在某些方面应用的技术手段仍不是最先进的。比如 SLS 火箭的第一级（遗留的航天飞机发动机）使用的是液氢燃料，燃烧后能达到的推力比任何其他燃料都要强大，但液氢在运输和保存过程中都要求环境温度在绝对零度以上 20 度（即 -250℃）。这就需要极其复杂的运输保存设备。而重型猎鹰火箭的燃料是煤油，由 RP-1 航空煤油经特殊处理提纯而成。这种燃料可能与常见的汽车燃料类似，甚至在一些家用车库里可以找到。虽然煤油所能提供的推力无法与液氢相媲美，但它可以使火箭的建造以及相应的燃料保存简单很多。

重型猎鹰火箭的另一个特点是第二级与第一级使用的发动机相

同——均为梅林发动机。第二级的发动机当然需要进行一些改动，以保证在外太空环境下正常工作，但两者的内核是一样的。SpaceX 对于梅林发动机的制造过程是分部分进行的。因此，可以对其中的制造流程进行微调以适应两级发动机的不同。而 SLS 火箭的第二级与第一级则是两种完全不同的发动机，仅第一级火箭就使用了两种不同的推进系统——遗留的航天飞机发动机和巨大的捆绑式助推器。因此，在制造 SLS 火箭过程中，仅对于发动机就需要掌握三种不同的制造流程，这就导致了在 SLS 火箭发动机的研制过程中，无法单纯通过制造流程的微调完成三类发动机的制造。

重型猎鹰火箭使用的燃料与 1957 年发射第一颗人造卫星斯普特尼克时火箭使用的燃料几乎相同。埃隆·马斯克意识到，降低火箭的成本不能完全依赖于成分更加复杂、性能更加卓越的燃料，而应通过将一些简单的常识逻辑融入火箭的制造流程中，包括模块化设计的思想——在不同的地方使用相同的部件。在降低了制造成本之后，马斯克现在开始着手寻找新的燃料以及更加强大的发动机。

SpaceX 的计划是对重型猎鹰火箭进行逐步改进优化，例如提高其飞行安全性，保障宇航员在执行任务时的生命安全。同时，马斯克计划研发一种性能更加强大的火箭，其运载能力和推力将媲美阿波罗登月计划中使用的"土星五号"运载火箭。

2017 年，马斯克宣布不再对重型猎鹰火箭进行深入的优化改进。虽然重型猎鹰火箭能够将货物等有效载荷运输到空间站，但无法完成运送宇航员的任务。马斯克说，SpaceX 在设计和研发性能更为强大的火箭——"超级重型猎鹰"方面取得了良好的进展，该火箭将搭载一个名为"星际飞船"（又称星舰）[①]的大型航天器，预期在2019年进行初步的"跳跃"（hopper）测试[②]。关于这款超级火箭将使用到的新型发动机，其一部分研发资金来自美国空军（不到总投入的三分之一）。超级重型猎鹰火箭中将配置31台新型发动机，而"星舰"则配备7台。马斯克在2017年曾说："这是非常强大的助推器和飞船。它的推力约为土星五号运载火箭的2倍，有能力将150吨的载荷送入轨道，同时可以保证重复使用性。因此，可承载的可消耗载荷大约是这个数字的两倍。"换而言之，超级重型猎鹰火箭的运载能力约为NASA最先进的SLS火箭的两倍！

这款被命名为"猛禽"（Raptor）的新型发动机将不再以煤油为燃料，转而使用液态甲烷——天然气的主要成分。它比在猎鹰9号火箭和重型猎鹰火箭中使用的梅林发动机要大得多，动力大约是后者的两倍。将燃料从煤油改为到液态甲烷并不能提供额外的动力[③]，但是甲烷的燃烧更加清洁简单，还可以避免发动机的结焦问题（被煤油的烟气颗粒堵塞），并且可以省去再次使用之前对发动机进行清洁的步骤。

马斯克表示，他们将重复使用新火箭中的所有部件——不仅仅是第一级火箭（比如猎鹰9号以及重型猎鹰火箭），还包括第二级火箭以及用于保护火箭顶部有效载荷的整流罩。马斯克估计，整流罩约占猎

---

① 这款火箭和航天器的结合体之前的工程名为Big Falcon Rocket或BFR。

② "跳跃"测试：火箭发射升空至距地面160千米或更高的位置，然后返回地面，这个轨迹形似一个跳跃的动作而被称为"跳跃"测试。

③ 网络舆论对于使用甲烷还是煤油适合作为燃料充满了分歧。

鹰 9 号火箭成本的 10%（即约 600 万美元），因此对其进行回收和再利用有很大的价值。此外，马斯克还希望能够缩短发动机着陆回收并投入重复使用所需要的时间。同时，"超级重型猎鹰火箭和星舰将以非常高的频率重复使用其中的推进器和整流罩。猎鹰火箭设计的出发点就是为了满足未来每隔几天（发射任务最繁忙的时候）就要完成一次发射任务的需求"。因此甲烷的清洁燃烧特性可以使回收发动机并投入重复使用这段过程变得更加简单。

纷繁复杂的火箭技术问题似乎掩盖了马斯克的初衷。也许我们还记得之所以不再将宇航员送上月球，是因为完成这项任务需要的火箭不仅性能要求严格，而且造价昂贵。而马斯克正在颠覆这个事实，他正在带领团队研制一枚新型重型火箭，将其用于完成其他太空任务，同时造价将比传统的火箭便宜——甚至比猎鹰 9 号火箭或重型猎鹰火箭更便宜。猎鹰 9 号火箭的燃料成本仅为本身成本的 1%，所以如果仅仅是对火箭完成燃料加注，然后再发射，那么发射成本将大幅降低。NASA 在 20 世纪 70 年代曾尝试了航天飞机，但除了需要加满燃料外，每架航天飞机都需要花费 10 亿美元的代价才能再次执行太空飞行任务，这样的花费令人咋舌。而在猎鹰 9 号火箭和重型猎鹰火箭大获成功后，几乎所有人都相信马斯克会用超级重型猎鹰火箭与星舰来完成未来的太空探索。

马斯克在研发超级重型猎鹰火箭时另一个富有远见的行为是选择甲烷作为火箭燃料，因为可以在火星上获取甲烷。马斯克曾说他制造这些重型火箭的原因在于对探索火星的渴望——这也是他成立 SpaceX

的初衷。他希望自己能够在火星上老去，"但不是在登陆的过程中"。当然，在火星上制备返回地球所需的燃料将大大减少需要从地球携带的燃料量。到目前为止，所有发射前往火星的探测器都没有发现石油的踪迹，所以要在火星上获得煤油几乎是不可能的。但研究表明，从火星表面提取一些简单的化学物质应该是可行的，比如水、氧气以及甲烷。当然，如果必要的话，无人探测器可以提前发射登陆火星，开始进行燃料的化学制备，为后续宇航员的到来建立供应渠道。

火星对马斯克来说具有重要的意义。"如果发生第三次世界大战，我们要确保在其他地方有人类文明的种子，以加快度过可能由战争导致的文明毁灭时代。因此在火星上建立一个能够自给自足的基地很重要。同时由于火星离地球足够远，当地球上发生战争时，在火星上的基地比月球基地更有可能延续下去，而不是遭受毁灭性打击的命运。"马斯克如是说。如果发生那样的事将是非常危险的，因此这也绝对不应该仅仅是富人的逃生之道。他说："就像沙克尔顿（Shackleton）对南极探险家做的广告：'困难、危险、死亡的好机会，以及幸存下来的兴奋感'"，到达火星"将是人类历史上最伟大的冒险。"

因此，能否在火星上制造火箭燃料对马斯克来说是一个重要的问题，这也是超级重型猎鹰火箭改用甲烷作为燃料的一个关键原因。然而，与煤油相比，甲烷作为燃料确实也存在着一些困难。首先，甲烷必须冷却到 $-163\,^{\circ}\mathrm{C}$ 才能将其从气态变成液态。同样也需要将氧气转化为液态，然后与甲烷混合进行燃烧，而这些工作已经通过猎鹰系列火箭的测试完成了。

但无论 SpaceX 出于什么目的在 2020 年年初开始将燃料从煤油替换为甲烷[①]，他们的火箭性能都可以与 NASA 预计在 21 世纪 20 年代完成发射的 SLS 火箭（具有 150 吨的入轨运载能力）相媲美，而且 SpaceX 的研发资金主要来源于公司自身。

到目前为止，SpaceX 尚未在其火箭上搭载宇航员，尽管往返国际空间站运输货物的龙飞船有窗户。根据与 NASA 的合同，SpaceX 公司计划在 2019 年开始执行宇航员往返地球与国际空间站之间的任务。这项任务将使用基于货运龙飞船改进的新型载人龙飞船，并搭载最新型的猎鹰 9 号火箭。

宇航员们目前只能搭乘猎鹰 9 号火箭升空，因为 SpaceX 公司表示，不会对重型猎鹰火箭进行必要的升级来满足载人航天任务的需求。因此，通过 SpaceX 进行月球及更远地方的太空旅行必须等到超级重型猎鹰火箭和星舰能够正常运行，并证明对宇航员有着足够的安全保障才行。在此之前，登月任务可能需要两次重型猎鹰的发射，以便在月球表面部署一些装备，然后发射猎鹰 9 号将登月宇航员送入已经部署于近地轨道的登月飞船，进而飞往月球——这个设想由航天大师罗伯特·祖布林（Robert Zubrin）提出。

会抢在 NASA 的太空发射系统前面吗

马斯克承认，他对任务的完成日期预测常常出现错误。他说："人

---

① 这里可以举两个替换的原因：首先，燃烧时，甲烷产生的污染比煤油少；其次，可以从污水气中提取甲烷，从而有助于实现循环利用。

们告诉我，我对任务进度的预估向来是乐观的。"比如他预计于 2019 年可以成功进行"跳跃"试验，且预计 2020 年前完成入轨发射。因此，马斯克之前声称超级重型猎鹰火箭 / 星舰将于 2022 年之前进行首飞，在 2024 年前完成首次载人飞行。而 SLS 火箭的首次载人飞行也定于 2024 年，因此目前看来，这两个项目正并驾齐驱，当然这两个项目也可能都会出现延期。

但事实上，在 2018 年 9 月，SpaceX 就出售了超级重型猎鹰火箭 / 星舰 2023 年月球之旅的门票。马斯克还说，他计划在月球之旅的第二年完成载人登陆火星任务！而为期六天的 2023 年月球之旅实际上不会在月球上着陆，而是绕月飞行，然后返回地球。日本时装零售业亿万富翁前泽佑作（Yusaku Maezawa）以一个未公开的价格支付了门票。马斯克说，前泽已经支付了一大笔定金，而这将在很大程度上贴补新火箭的研发成本，他估计的火箭研发成本约为 50 亿美元 [①]。而前泽表示，这张门票的价格超过了巴斯奎特的一幅画（前泽于 2017 年斥资 1.1 亿美元购买了一幅米歇尔·巴斯奎特的画作），而这一费用至少可以购买 9 个座位——前泽佑作和 8 位尚待选择的人。由于飞船可以搭载的乘客数量不止这个数目，因此 NASA 宇航员斯科特·凯利（Scott Kelly）很快发布了一条推文："前泽佑作，这将是一次伟大的冒险！祝你旅途好运，如果你需要一个有点经验的人陪你去，我可以取消 2023 年的全部日程安排。"

---

① 马斯克在2018年9月17日的新闻发布会上宣布第一位超级重型猎鹰火箭/星舰的客户身份时，将50亿美元的估值解释为"不超过100亿美元且不少于20亿美元"。

SpaceX 能否在 2023 年之前为乘客准备好超级重型猎鹰火箭以及星舰仍然存疑。"2023 年这个日期肯定是不确定的。"马斯克对此大方承认。他也进一步指出，研发中出现的许多挑战和困难都意味着"无法 100% 确定绕月旅行的时间点"。

除了绕月飞行，SpaceX 还在它的官网上概述了超级重型猎鹰火箭和星舰实现登月的步骤。具体而言，整个登月过程将包括两次发射，第二次发射将为先前抵达月球的飞船补加燃料。"如果我们为飞船设计一个大椭圆停泊轨道，并在该轨道上进行燃料补加，就可以顺利实现地球和月球之间的往返。"

尽管超级重型猎鹰火箭的第一级看似是所有研发任务中最具挑战的，但马斯克不这么认为。他认为第一级的研发将相对简单。"因为就像猎鹰 9 号火箭的助推器一样，区别就是有 31 台发动机，不再是 9 台。我不想沾沾自喜，但我认为我们已经足够了解可重复使用的助推器。"马斯克说。SpaceX 将首先关注飞船的部分，马斯克认为，到目前为止，这是整个设计体系中更具技术挑战性的部分，主要是因为从月球或火星重新进入地球大气层时飞行速度过快（高达 40000 千米 / 小时）而产生的极端高温。马斯克说："在重新返回地球大气层的过程中某些部件的发热功率可能达到了正常水平的 8 倍之多，但我不认为所有的部件都能承受住，因此飞船的测试问题才是最棘手的。"星舰具有 1000 立方米的有效载荷容量，其中 80% 可用于运送乘客和机组人员——比空客 A380（世界上最大的客机）的客舱还大。

至于火星之旅，SpaceX 的设想如下：超级重型猎鹰火箭的第一级将搭载星舰作为第二级共同发射升空。在完成发射动作后，星舰将与火箭分离并使用自身的推进器进入地球静止轨道，超级重型猎鹰火箭返回发射台完成回收，搭载燃料箱之后再次返回轨道。搭载的燃料箱与星舰对接，并向星舰实施燃料补加，之后再次搭乘超级重型猎鹰火箭返回地球完成回收。最后，星舰将使用自身推进系统搭载载荷和乘组向火星进发。

正如一位法国评论员在重型猎鹰火箭发射后所说的："埃隆·马斯克正在继续他的火星计划，并不断激发人们对于未来的憧憬，就像阿波罗时代一样。"

蓝色起源与杰夫·贝佐斯

埃隆·马斯克想去火星，是想让人类能够在地球毁灭时有一个延续文明的地方。而杰夫·贝佐斯则是另一位痴迷太空的亿万富翁（见图 10.9），他希望能够将前往月球作为迈向未来的第一步，将地球上的工业生产活动向太空转移，从而充分利用包括能源在内的整个太阳系的资源。在贝佐斯的设想中，未来地球上只有住宅区和轻工业区，重工业的生产建设都将转移到太空中进行。为了实现这个愿景，他将自己成立的火箭公司命名为蓝色起源（Blue origin），这个名字源自从太空中望向地球：作为黑色太空中的一个淡蓝色圆点，地球是人类起源的地方。

（图源：蓝色起源）

图10.9　杰夫·贝佐斯是亚马逊的首席执行官，同时也是世界首富。近几年来，他每年都为蓝色起源提供大约 10 亿美元的资金。图中是 2015 年，他在得克萨斯州西部视察首次飞行之前的新谢泼德号（New Shepard）火箭的场景。

　　2018 年 5 月，当贝佐斯谈论到阿波罗 11 号登月计划的"被迫性以及次序颠倒"时说："如今，我们必须完成重返月球的目标，同时在月球上建立永久的基地。"建设月球永久基地对于贝佐斯希望能让数百万人在太空生活和工作的长远目标至关重要。他说："我一直认为，如果不在月球上建立永久基地就开始进行登陆火星的计划会像当初阿波罗登月计划那样无疾而终，也许我们会最终达成登陆火星的目标，然后举行一场盛大的游行来庆祝这件事，但是在之后的五十年里，可能又将一事无成。"

　　此外，贝佐斯还谈论道："月球的存在对我们来说是一件很幸运的事，它在太空中的地理位置十分优越，与地球的距离恰到好处。同时我们现在知道了以前不知道的事情——月球背面黑暗的陨石坑保存了一些原本会挥发的物质。我们知道那里有水、有冰，甚至在这些陨石坑里还有其他一些有趣的东西我们仍未发觉。"而之前在公开场合，贝佐斯一直避免表明他对于太空探索的主要想法，但最近的这些言论清楚地表明，在月球上建立永久基地是他最想要做的事。

自成功地从大西洋海底打捞起土星五号第一级发动机以后，贝佐斯对重返月球的兴趣也更加浓厚，尤其是土星五号的残骸已经在海底躺了将近 50 年（见图 2.2）。贝佐斯雇佣了一个有从泰坦尼克号残骸中回收文物经验的团队[①]，2011 年，他们在比泰坦尼克号残骸位置还深 450 米，大约位于海底 4200 米的位置，发现大量看上去是土星五号火箭残骸的物体。2013 年，贝佐斯和他的几个家庭成员加入了一个大约 50 人的团队，开始进行为期三周的打捞，对这些物体进行回收。他们用了两艘小型遥控潜艇把发现的残骸打捞起来，并冲洗掉上面覆盖的泥浆，然后将它们运回陆地。在经过堪萨斯州一家专业博物馆鉴定后，确认了这些残骸的确是阿波罗 11 号残留的物品，甚至包括了 1969 年 7 月运送阿波罗 11 号的土星五号五台发动机的中心推力室。贝佐斯说整个打捞并修复残骸的团队"有一种自己重新发现历史并创造历史的感觉。"他还笑着说道："我可以肯定地告诉你，这件事给我们带来了很大的乐趣。"

贝佐斯认为："为了完成重返月球等这些正在被不断提及的伟大的事情，进入太空的成本必须进一步降低。"而关于这一点，埃隆·马

---

① 1912年，世界上最大的远洋客轮泰坦尼克号在从英国到纽约的处女航中撞上北大西洋的冰山而沉没，造成大约1500人死亡。这艘沉船是1985年由海洋学家罗伯特·巴拉德（Robert Ballard）发现的。后来探险队从沉船中找到了很多文物。

斯克肯定会同意他的看法。为了实现这一目标，贝佐斯在过去几年里每年为蓝色起源火箭公司提供大约 10 亿美元的资金。虽然到目前为止还没有将任何东西送入轨道，但它们已经设计制造并验证了一款复杂的单级火箭，它可以在发射后返回地球，并被多次重复使用。该型火箭由一台使用液氢和液氧的发动机提供动力——这是一种强大的燃料组合，要实现这个目的需要非常复杂的工程设计。

这枚火箭被命名为新谢泼德号（New Shepard）（见图 10.9），取自美国第一个进入太空的人——艾伦·谢泼德，他于 1961 年乘坐"水星"载人飞船完成了亚轨道飞行。飞行高度约为 160 千米，飞行距离约为 480 千米，但没有进入近地轨道。新谢泼德号将为乘客提供一个比艾伦·谢泼德当时所经历的更好的飞行体验，后者乘坐的飞船最后（按计划主动）落入了大西洋中，而新谢泼德号的乘客将乘坐舒适的返回舱在降落伞和小型反推发动机的帮助下，平顺地缓缓落到地面。而用于发射飞船的火箭将利用自身的发动机返回发射场并完成回收。

这种着陆方式也将避免了当时艾伦着陆过程中所承受的强烈的重力过载，尽管在返回过程中当返回舱减速时可能会产生一些不适，但所需承受的重力还不到艾伦当时所需承受的 11g 过载的一半。与 1961 年艾伦的经历不同，新谢泼德号的乘客将有足够的空间体验零重力漂浮，在太空中体验几分钟失重的感觉，甚至可以在太空中完成翻筋斗动作。最后，与水星飞船的小舷窗不同，新谢泼德号将有更大的观察窗，通过它，乘客可以看到广袤的太空、弯曲的地平线以及其他可以从太空看到的壮丽景色。贝佐斯说："我一定会参与这趟太空之旅。实际上，我已经等不及了。"

新谢泼德号的飞船可以容纳 6 名乘客，飞船将通过地面来进行控制。对这些乘客来说，这应该是一次令人兴奋的经历，除非他们当中的一个或两个患有太空病。在零重力状态下，乘客的呕吐物将会飘浮在空中，所以让我们期待飞船内有一个随时可用的吸尘器，在呕吐物进入其他乘客的毛发之前将其吸取干净。不过这一点蓝色起源的网站并没有提及。

新谢泼德号的飞行计划只是杰夫·贝佐斯设想在月球上进行工业生产目标的一小步。下一步的计划则是发射火箭进入轨道，而蓝色起源的新格伦号（New Glenn）火箭正是为了完成这一目标而设计研发的（见图 10.10），该火箭是以第一位进入近地轨道的美国人约翰·格伦（1962 年）的名字命名的。最初它的任务是将卫星送入太空，但目前希望它能够尽快通过载人航天的验证。

新格伦号火箭的载重能力为 45 吨，在世界火箭排行榜上仅次于猎鹰重型火箭（除非 NASA 的 SLS 火箭抢先完成发射）。目前新格伦号火箭的计划是在 2020 年第一次进入轨道，尽管届时可能只是一次测试发射（没有真正的有效载荷）。至于宇航员何时能乘坐新格伦号火箭升空，目前还没有确切的日期。由于第一次试射还没有进行，新格伦号火箭最有可能在 21 世纪 20 年代中期完成把载人飞船送入轨道的发射任务。

杰夫·贝佐斯的发家经历可能并没有像他是世界首富那样广为人知。1994 年，他在西雅图的一个车库里创立了亚马逊，并一步步将亚马逊建成世界上最大的网络购物平台。到目前为止，他仍然是亚马逊的首席执行官，在最近一次离婚后他仍然持有亚马逊 12% 的股份，使他的财富总额达到 1200 亿美元左右。与亚马逊影响着全球经济和大众购物习惯相比，贝佐斯建造火箭和宇宙飞船的副业似乎看上去有些奇怪，但毕竟这些投资都是他自己的钱，所以他有权随意支配。

（图源：蓝色起源）

图 10.10　蓝色起源的新格伦号火箭概念图。该火箭计划于 2020 年从佛罗里达航天港（Spaceport Florida）完成首次发射。

贝佐斯对太空探索的向往可以追溯到 1969 年的 7 月 20 日，当时年仅 5 岁的他亲眼见证了尼尔·阿姆斯特朗和巴兹·奥尔德林的登月过程。"对我而言，这着实是一个难以忘怀的时刻。"他后来接受采访时说："我当时是在客厅的电视上观看的整个登月过程。这完全激发了我对于太空探索的好奇与热情。"在高中毕业典礼上，他的致辞内容也与太空有关，简而言之就是："太空，终极边界，等着我吧。"在进入普林斯顿大学学习工程学时，他对太空的兴趣仍然浓厚，并成为了全美学生组织"太空探索与发展"（SEDS）普林斯顿分会主席。他在高中时的女友曾说，贝佐斯创办亚马逊就是为了赚足够的钱去创办一家航天公司。贝佐斯也承认"她说的有一定道理"，但也许意识到这样一句话可能会引发亚马逊股价暴跌，他马上补充道亚马逊是他真正为之奋斗的热情所在，并不是蓝色起源公司的一个垫脚石。

从 1957 年太空竞赛时代开始到 20 世纪末，火箭的研发主要是各国政府的工作。正如在 2008 年猎鹰 1 号火箭完成入轨任务后，马斯克说道："这些通常是一个国家的事情，而不是一个公司能够做得到的。"但在进入 21 世纪后，两个私营企业却成功地进入了这一行业。

马斯克和贝佐斯都强调了火箭重复使用的重要性，火箭不应在执行完一次发射任务后就被丢弃。马斯克的猎鹰 9 号火箭的实践已经表明，回收并重复使用火箭是可行的，尽管火箭的价格并未像预期的那样出现大幅降低。（到目前为止，猎鹰 9 号火箭一直比其他火箭便宜，是因为它的制造效率很高，而不是因为它可以重复使用）。SpaceX 的新版本猎鹰 9 号火箭计划重复使用十几次，而不是早期的那样仅仅重复使用一次，因此火箭价格的大幅降低的时代可能很快就会到来。

蓝色起源公司也从一开始就强调火箭的重复使用性，因此新谢泼德号火箭在完成发射任务后，会返回发射台进行回收并再次使用。新谢泼德号火箭的发动机使用的液氢和液氧燃料与 NASA 的 SLS 火箭以及航天飞机属于同一种，但发动机的尺寸比那些巨型火箭小得多。尽管尺寸小，但蓝色起源能够完成这种发动机的开发同时保证重复使用性仍是一项巨大的成就。但液氢燃料的储存与运送需要保证在极低的温度下进行，这是另一个难度很大的挑战。蓝色起源从 2010 年开始与 NASA 签订的一系列合同估计总价值约 2500 万美元，这可能会使发动机的研发时间缩短一年（见图 10.11）。同时，氢燃料本来就是一种比猎鹰 9 号火箭的煤油更清洁的燃料，可以简化每次发射任务后发动机的清洁工作。

（图源：NASA/ 比尔·因伽尔斯）

图 10.11　2011 年，杰夫·贝佐斯（左三）与时任 NASA 副局长洛里·加弗（Lori Garver）在西雅图蓝色起源工厂的载人飞船旁边。

对于更大的新格伦号火箭，蓝色起源是采用甲烷作为其燃料，而它的竞争对手 SpaceX 的猎鹰火箭才刚刚开始应用甲烷。每一枚新格伦号火箭的第一级都将配置 7 台这种新型发动机，而领域内的另一个竞争对手火箭制造商联合发射联盟（United Launch Alliance）已经决定为其火神（Vulcan）火箭购买这种发动机。蓝色起源的这款发动机（BE-4）已经成功地在地面进行了点火试车（图 10.12），看起来已经为新格伦号火箭的首次发射做好了准备。第二级和可选的第三级火箭将使用新谢泼德号火箭发动机的一个改型，使用液氢和液氧混合物作为燃料。

（图源：蓝色起源）

图 10.12　BE-4 发动机的地面点火测试，7 台该型发动机将组成新格伦号火箭的第一级。

蓝色起源的副总裁克莱·莫瑞（Clay Mowry）解释了在开发新格伦号火箭之前开发亚轨道的新谢泼德号火箭的好处："对我们来说，

在研发新谢泼德号火箭的过程中确实在逐步探索如何进行火箭发射，如何完成部件升级，如何回收翻新并再次完成发射任务，并且完成这些亚轨道探索花费的资金要比用轨道飞行器进行测试低得多——大约是轨道飞行器成本的五十分之一。"他说："贝佐斯已经在新格伦号火箭的研发上投资了 25 亿美元，其中没有任何来自美国政府的资助。"

贝佐斯和马斯克之间的不同是他们对于公司的运营管理方式。马斯克的 SpaceX 从一开始就试图赢得商业客户，然后利用这些销售收入为进一步的研发提供资金。显然，这减少了马斯克必须投入公司的个人资产额度，而且马斯克没有贝佐斯那样雄厚的个人资产可供投入公司的研发中（数十亿美元）。但 SpaceX 这种模式的另一个优势是可以根据客户需求进行研发设计，这样有助于确保自身的研发产品可以顺利销售。

贝佐斯对公司的运营管理方式则是自己出资开发大部分项目，并且直到最近还对这些项目保持着一定程度的保密性。这样做的好处是，可以避免因为客户需求与自己目标的不同而偏离研发的方向，同时避免了因为业务与收入的问题向外部股东和客户进行辩解。当然缺点是他必须提供大部分的研发资金，但贝佐斯负担得起。如今，贝佐斯已经开始商业化推广并销售他的火箭——已经有四个客户完成了新格伦号火箭的合同签约用以发射他们的卫星，基本都是来自通信与广播行业的。莫瑞说，由于市场需求和客户反馈，新格伦号火箭的整流罩（保护有效载荷的保护罩）的尺寸从 5.4 米宽增加到 7 米，使新格伦号火箭能够搭载更多的小型卫星或具有更大天线和结构的地球静止轨道卫星。

此外，2018年10月，蓝色起源宣布将其研发的新发动机出售给联合发射联盟，这是他们开始商业运作的又一个强有力的佐证。

新格伦号火箭在投入使用后，将成为世界上推力第二或第三大的火箭，但要想将宇航员或者游客运送到月球还有很长的路要走。它发射到地球轨道的有效载荷质量约45吨，远远小于所需的150吨。为此，即将开展设计研制的新阿姆斯特朗（New Armstrong）火箭可能能够完成这些任务。这款新火箭是以第一个在月球表面行走的人的名字命名的，这个名字对于这款火箭将要达成的目标给予了一些暗示。贝佐斯说，新阿姆斯特朗火箭将是继新格伦号火箭之后的下一个项目，但他没有透露火箭的细节或何时能够完成设计研发。在2016年，他向记者们开了一个玩笑："我们的拼图上的下一块是：新阿姆斯特朗。不过这是未来的故事。"

2019年5月，贝佐斯公布了设计用于运输货物和（终极目标是）宇航员登陆月球的蓝月亮（Blue Moon）飞船，这也进一步证明了他对探索月球的渴望。选择在那个时机公布这些设计可能是为了给NASA留下深刻的印象，因为NASA计划的月球着陆器设计迫切需要与时任美国副总统彭斯给NASA设定的2024年登月目标相契合。贝佐斯说："我们可以帮助NASA按时完成这项任务，因为我们三年前就已经开始设计研发了。"贝佐斯没有提到将用于搭载蓝月亮飞船的运载器——也许这次他会按照NASA的提议去做。

事实证明，新格伦号火箭比SpaceX的重型猎鹰号火箭落后了两到三年，两者的地球静止轨道运载能力都为45～65吨。而贝佐斯的新

阿姆斯特朗火箭和马斯克的超级重型猎鹰火箭 / 星舰都属于近地轨道
150 吨运载能力的级别。除非有新的情况发生，贝佐斯的登月火箭很可
能比马斯克的火箭落后至少三年。

但是值得注意的是，马斯克更关注火星而不是月球，对于贝佐斯
而言，情况恰恰相反。也许这种侧重点的不同会影响他们各自对重型
火箭的设计和研发。

马斯克和贝佐斯经常会发现他们在进行竞争，而且每次都会擦出
火花。2013 年，这两家公司同时对卡纳维拉尔角的 39A 发射台发起竞
标，该发射台当时已经破旧不堪，阿波罗 11 号和其他所有土星五号的
发射任务都曾在这个发射台进行。NASA 最终选择了 SpaceX 的方案，
但蓝色起源对此提出了正式抗议，声称 39A 发射台应该提供给多家火
箭发射公司，而不是由一家公司垄断。关于这个抗议，贝佐斯得到了
SpaceX 主要竞争对手联合发射联盟的正式支持，联合发射联盟也在国
会大力游说，进一步加剧了 39A 发射台竞争的紧张局势。而马斯克显
然被一家"连牙签都没能发射到轨道上"的公司激怒了，两家公司之
间的事态越发紧张，因为马斯克还开始怀疑蓝色起源在挖他的员工。
这揭开了一块旧伤疤，2008 年 SpaceX 曾起诉了一位前雇员，指控他
将 SpaceX 的公司机密泄漏给蓝色起源，但最后没有胜诉。

马斯克对蓝色起源的不满越发强烈，因为蓝色起源只专注亚轨道
太空飞行，对于发射台的需求并没有那么强烈。因此他向《太空新闻》
（*Space News*）杂志发送了一封公开邮件对蓝色起源提出了挑战：如果
蓝色起源能在 5 年内拥有一枚能够发射到达国际空间站的火箭，那么

蓝色起源就可以使用 39A 发射台。但马斯克嘲讽道："很不幸的是，我想我们更可能发现独角兽在喷管中跳舞（蓝色起源也不可能造出这种火箭）。"在 SpaceX 获得了 39A 发射台使用权的殊荣后，贝佐斯并没有回应马斯克的"独角兽"调侃。具有讽刺意味的是，对于马斯克而言，蓝色起源正在扮演一个反对 SpaceX 担当这个行业领袖的角色，而马斯克本人却在十年前曾扮演过反对洛克希德（Lockheed）等老牌航天公司的角色。最终，蓝色起源决定使用具有标志性历史地位 39A 发射台几千米以外并正在承接许多重要发射任务的 36 号发射台。

2014 年，马斯克的 SpaceX 对蓝色起源发起的另一项活动提出了强烈的抗议。美国专利局批准了蓝色起源从海上平台上回收运载火箭的专利申请。SpaceX 对此提起诉讼，对这项专利的授权提出了质疑，指出业界已经对此概念进行了数十年的工作（专利界所谓的"已有技术"），其中包括 1959 年俄罗斯的一部科幻电影，电影中的一枚火箭在海上降落在一艘船上。而这项专利的授权将使 SpaceX 回收第一级火箭（见图 10.5）的计划陷入瘫痪。最终，蓝色起源撤回了其专利中的大部分权利要求，但马斯克在之后的数年内仍对此事感到愤怒。

一年后，马斯克就对贝佐斯在专利层面的嘲讽做出了果断而公开的回应。2015 年 11 月，蓝色起源将其新型谢泼德号火箭发射升空至地面 100 千米的位置，然后返回发射台完成回收。这项成果引起了广泛关注，使马斯克不得不在社交媒体上采取行动——"SpaceX 的蚱蜢（Grashopper）火箭从 2013 年就开始了类似的工作，完成了 6 次亚轨道的垂直起降飞行"，他在推特上有些恼怒地说。对于外行人而言，这种对比似乎很不公平，因为蚱蜢火箭最多升空到了 1000 米的高度，而新谢泼德号火箭到达了距地面 100 千米高的太空下边界 ①。

　　一个月后，SpaceX 在完成猎鹰 9 号火箭的发射任务后，成功地在卡纳维拉尔角完成了从近地轨道返回地面的第一级火箭着陆回收，回到了它十分钟以前起飞的地点——这是它首次成功地做到这一点。过去，贝佐斯一直不回应马斯克的嘲讽与调侃，但这次，贝佐斯决定让事情变得更加有趣。他在推特上写道："祝贺猎鹰 9 号火箭完成亚轨道助推器回收。欢迎进入达成这一成就的俱乐部！"与此同时，SpaceX 的支持者在社交媒体上积极回复，而马斯克觉得他不需要亲自进行回复。有关注者提醒贝佐斯，猎鹰 9 号火箭进入了近地轨道，而新谢泼德号火箭却没有。"这两种火箭甚至不在同一个赛道上。"而事实上，贝佐斯的言论有一定道理。猎鹰 9 号火箭进入近地轨道的第二级还从未被回收过——尽管 SpaceX 确实已经向前迈出了一大步。猎鹰 9 号火箭第一级抵达的最高高度约 80 千米，飞行距离约 6000 千米，而新谢泼德号火箭抵达的最高高度约 100 千米，飞行距离约 3900 千米，换句话说，其实他们达成的成就很相似。

　　未来，蓝色起源的新格伦号火箭将是 SpaceX 猎鹰 9 号和重型猎鹰火箭的直接竞争对手，事实上，它已经赢得了一些原本可能属于 SpaceX 的合同。正如之前提到的，蓝色起源还将向联合发射联盟的火神火箭提供其为新格伦号火箭开发的发动机。此外，直到 2015 年，SpaceX 才说服美国国防部允许其投标发射军用卫星，打破了联合发射联盟 10 年来的垄断。随后，SpaceX 赢得了几乎所有的军事合同，包

---

① 有些人认为太空的边界在距地面80千米的高度。

括首批 6 颗新一代 GPS 导航卫星中的 5 颗 ①。联合发射联盟因此被迫关闭了三角洲和宇宙神火箭的生产线，并开始优化新型火神火箭。通过为联合发射联盟提供关键的发动机，蓝色起源将目光投向了 SpaceX 的主流业务——这是一个比"推特论战"更严峻的竞争战场。

无论如何，好消息是，21 世纪 20 年代中期至后期，美国可能会出现两款能够重现阿波罗计划的美国私营公司的火箭。他们之间的激烈竞争，预示着人类重返月球（甚至登陆火星）的梦想正在变成现实。同时，NASA 也可能完成 SLS 火箭的研发。

接下来，我们将讨论一下是否有非美国的参与者参加这次的新一轮登月竞赛。

① 2018年12月23日，搭载猎鹰9号火箭完成了第一次发射。

NASA 下一步的计划是在月球轨道上建立"月球门户"，实现对月球的持续性探测，探索月球表面之前从未涉及的地方。相比于阿波罗时期的做法最根本性的改变是，NASA 将与商业和国际合作伙伴共同开展对月球的探测活动。

第 11 章

重返月球的同行者

俄罗斯

苏联曾经是太空领域实力最强大的国家，但在冷战结束后至今，俄罗斯在太空事务上一直落后于美国。一个很明显的例子是，自上次俄罗斯行星探测任务取得部分成功至今，已经过去了将近30年。不过，在弗拉基米尔·普京总统的领导下，俄罗斯一直在传递信息，表示准备好重新加入这个顶级俱乐部。但是，言语是廉价的，可去月球不是廉价的！

20世纪50年代至60年代，伟大的航天工程师留下的遗产直到今天仍然影响着俄罗斯。自2011年美国将航天飞机搁置以来，所有机组人员都是乘坐联盟号飞船、搭载联盟号火箭前往国际空间站的，这两种航天器都是科罗廖夫团队在太空时代初期设计的。运送货物到空间站的质子火箭也是由切罗米的团队在20世纪60年代设计的。

但苏联的其他一些太空遗产就不那么好用了。在组成苏维埃社会主义共和国联盟（Union of Soviet Socialist Republics，USSR，简称苏联）的15个共和国①中，只有俄罗斯拥有核武器和携带核武器的导弹。

---

① 亚美尼亚（Armenia）、阿塞拜疆（Azerbaijan）、白俄罗斯（Belarus）、爱沙尼亚（Estonia）、格鲁吉亚（Georgia）、哈萨克斯坦（Kazakhstan）、吉尔吉斯斯坦（Kyrgyzstan）、拉脱维亚（Latvia）、立陶宛（Lithuania）、摩尔多瓦（Moldova）、俄罗斯（Russia）、塔吉克斯坦（Tajikistan）、土库曼斯坦（Turkmenistan）、乌克兰（Ukraine）和乌兹别克斯坦（Uzbekistan）。

1991 年苏联解体时，其他国家同意将其核武器转让给俄罗斯。但是苏联的太空资源情况并未如此划分。到目前为止，俄罗斯是这 15 个国家中最大的一个，因此制造苏联火箭和卫星的大部分工厂和实验室都在俄罗斯。但有些不在俄罗斯的就令其头痛。

在俄罗斯国土之外的最活跃的太空活动场所是拜科努尔发射场，该发射场位于哈萨克斯坦，相当于美国的卡纳维拉尔角。所有涉及俄罗斯宇航员和外国太空旅行者的航天发射都在这里进行。另外，大约有一半的俄罗斯的其他发射任务也使用这个发射场。另一个主要发射场是位于莫斯科以北约 800 千米的普列谢茨克（Plesetsk）航天发射场，该发射场适于发射飞越两极（侦察卫星的常用轨道）的卫星。俄罗斯和哈萨克斯坦自 1991 年起就建立了合同关系，付费使用哈萨克斯坦人的设施。

俄罗斯不希望永远依赖哈萨克斯坦，因此 2007 年开始在俄罗斯东部建设了一个新的发射场，从那里向东面的太平洋上空发射，而向东发射可以更好地利用地球自转。东方港（Vostochny）航天发射场相距莫斯科有 6 个时区，但其发展一直受到工程推迟和贪污丑闻的困扰。[①]2015 年，总统普京亲自出面为此事承担责任，这也证实了政府完成这项设施建设的决心。发射场的首次发射任务于 2016 年进行（见图 11.1），2017 年 11 月、2018 年 2 月及 12 月又进行了几次发射。但在东方港航天发射场能够支持更频繁的发射之前，哈萨克斯坦的拜科努尔仍将是俄罗斯的主要发射地之一。

① 2018年3月，负责建设发射场的建筑公司主管被判处12年监禁。

（图源：http://www.kremlin.ru/）

图 11.1　2016 年，新的东方港航天发射场首次发射联盟 2.1a 火箭。
前景的白色建筑上有一张尤里·加加林的照片，上面的标语（俄语）是
"抬起头来"。东方港每年平均约有一次发射，这是目前相当令人遗憾的
发射率——远不足以证明建造它的费用是合理的。

对东方港发射场的投资可视为普京总统 2014 年宣布的"转向亚太"
战略的一部分。该战略的明确目标是将俄罗斯的出口重点放在中国、
印度和日本等"亚洲巨头"身上，并减少俄罗斯对向欧洲地区出口的
依赖。该战略也被认为会增加俄罗斯在东部地区的经济活动，此前这
些地区远不如西部地区发达。可是几年后，仍没有产生明显的效果，
因此怀疑论者认为，以亚太地区为支点的真正目的是提高俄罗斯在与
西方对抗中的地位。增加对亚洲国家军事装备的销售，加上与日本就
千岛（Kurile）群岛最南端的 4 个岛屿的归属争议的谈判软化了之前的
强硬立场，意在向美国发出信号，俄罗斯可以与这些国家结盟，从而
损害美国利益。解读这一事件的观点认为，俄罗斯的以亚太为支点其

实是一种谈判策略，旨在使美国和西方减少对俄罗斯的敌意——鉴于时任美国总统特朗普亲俄的言论，这似乎是非常可能的。

如果对东方港航天发射场的进一步投资有助于提升俄罗斯"超级大国"的形象，加深其作为亚洲事务主要参与者的资历，普京总统将更容易得到支持。如果俄罗斯和西方国家再次变得友好，那么俄罗斯就不再需要亚太支点，东方港航天发射场的未来可能也不会那么光明。俄罗斯和中国在月球探测中的合作将产生什么样的影响则更难以预测。

苏联解体带来的更微妙的悬念是位于乌克兰的航天设施。苏联的15 个共和国中，只有两个共和国的人口数量占整个苏联人口的 6% 以上：俄罗斯占 51%，乌克兰占 18%。[①] 因此，这两个国家占有苏联工业实力的绝大多数并不稀奇。乌克兰的工业曾为苏联太空计划的许多部分做出了贡献，包括进入太空的卫星和运载卫星的火箭。例如，为俄罗斯军方收集电子情报的处女地 2 号（Tselina-2）卫星是在乌克兰建造的，直到俄罗斯本土的替代卫星可用前，俄罗斯一直在向乌克兰采购该卫星。处女地 2 号的替代卫星——莲花（Lotos）卫星到了 2009 年才首次发射。

乌克兰天顶 2 号（Zenit-2）运载火箭却被证明难以在俄罗斯找到替代品。1992 年，俄罗斯决定研制安加拉（Angara）系列火箭，其中包括天顶 2 号的替代品。由于推迟和资金问题的困扰，2014 年（在计划构想后的 22 年）两种型号的火箭才得以发射，但再之后就没有了。未来始终是存疑的，这一严重问题让俄罗斯的太空计划成了受害者，

---

① 1989年总人口情况：俄罗斯1.47亿，乌克兰5200万，苏联总计2.87亿。

方向一直在变来变去。我们之所以讨论这个问题，是因为它涉及月球的任务，而这个问题的再次暴露也为安加拉火箭研制计划画上了句号。

在探讨俄罗斯的登月计划之前，还有另一个与这个故事有关的因苏联解体导致的俄乌"悬念"。苏联早期太空计划中最有影响力的两位火箭设计师谢尔盖·科罗廖夫和瓦伦丁·格卢什科（见第 8 章）都出生于乌克兰。俄罗斯继承了苏联的大部分太空活动，并对苏联遗产的划分提出了要求，包括这两位历史人物。乌克兰认为这两个人都是乌克兰人。当乌克兰是苏联的一部分时，这不是一个问题；但现在俄罗斯和乌克兰正剑拔弩张，这一历史遗产就成了两国关系的另一个热点。

任何关于未来人类太空飞行讨论的背景都是 2025 年后如何处理国际空间站的问题——正如第 10 章所讨论的那样，这也是美国所面临的问题。从广义上讲，俄罗斯已经探索了 3 种截然不同的方案：

（1）建造一个俄罗斯全面自主可控的空间站。

（2）与美国一起建设月球门户计划。

（3）制定一个独立的载人登月计划。

2017 年 5 月，弗拉基米尔·普京总统指示俄罗斯航天机构——俄罗斯联邦航天局（Roscosmos）优先发展超重型运载火箭，以实现载人登月计划，这意味着俄罗斯基本上选择了这 3 个方案中的最后一个。新型火箭的首次试飞定于 2028 年进行。

这项决定包括选定了要使用的火箭发动机，而安加拉的技术没有被选中。取而代之的是乌克兰天顶 2 号火箭第一级使用的俄罗斯发动机。

这一选择主要是为了防止"迷路"：毕竟乌克兰的天顶 2 号火箭使用的是在苏联时期就用过的俄罗斯发动机。2017 年的时候两国关系较为缓和，但现在他们的关系已经接近战争的边缘。俄罗斯的计划是首先研制一种名为联盟 5 号的火箭，达到天顶 2 号的动力水平。然后他们将继续建造超重型运载火箭，火箭第一级将由五台联盟 5 号的发动机组合而成，第二级将采用同一型号的单台发动机，第三级将采用一台新研的精密发动机。

总体而言，通过重复利用现有技术，制造出一种能将 100 吨或更重的载荷送入地球轨道的火箭所需的研发工作体量并不是太令人望而生畏——至少在纸面上是这样的。

在过去几年里，普京与俄罗斯最高航天管理者举行了 4 次专题会议，并两次到访了远东的东方港航天发射场——俄罗斯总统对太空的兴趣远远高于美国（见图 11.2）。他似乎致力于使这个国家再次成为一个航天强国，但迄今为止还没有按照这一目标增加资金支持。俄罗斯是世界主要石油供应国之一，几年来的低油价降低了中央政府的收入，使任何预算的增加都很困难。事实上，普京在 2018 年年中的支持率下降也是因为当时他计划提高国家养老金发放的年龄，反映了政府的预算困难。

怀疑论者（也有许多其他人）指出，这是俄罗斯 2012 年以来第 5 次尝试制定俄罗斯空间计划战略，前 4 次分别是：2013—2020 年的空间活动计划（2012 年 12 月批准）、2030 年前的国家空间战略（2013 年 4 月由普京签署）、2016—2025 年联邦空间计划（2016 年 3 月批准），以及 2030 年前的俄罗斯联邦航天局战略（包括超重型运载火箭的政策）。正如一位经验丰富的俄罗斯航天计划分析人士所说："俄罗斯航天界以外的人似乎很少了解这些政策是如何关联的，他们究竟是如何产生的，以及到底有多大的约束力。"

（图源：http://www.kremlin.ru/）

图 11.2 2015 年，俄罗斯总统普京访问东方港航天发射场。官员和建筑公司涉及的腐败丑闻导致该发射场竣工日期的推迟。

项目的资金是关键问题。发展的初始资金已经落实。第一步是开发联盟 5 号火箭（有时也被称为 Sunkar[①] 和 Feniks）来取代天顶 2 号火箭。天顶 2 号的主发动机已经在俄罗斯制造，因此，使用该发动机开展研制工作的风险是相当低的，首次飞行计划在 2022 年进行。发动机本身需要进行一些修改，主要是使其仅包含俄罗斯配套的部件，其中一部分原因是美国实施的制裁。需要注意的是，俄罗斯的发动机已经停产好几年了，所以项目重启和运行可能会出现意想不到的推迟情况。事实上，它是世界上最强大的火箭发动机，它的缩小改型已经卖给美国，成为美国宇宙神（Atlas）火箭和安塔瑞斯（Antares）火箭的一部分。RKTs Progress 获得了一份价值约 8 亿美元（约 527 亿卢布）的合同，主要任务就是开发联盟 5 号。源源不断的资金似乎与联盟 5 号能够赢得商业发射合同有关，但随着 SpaceX 压低运载的价格，情况也将变得越来越困难。

超重型运载火箭的俄语首字母缩写是 STK。STK 大型发动机组合的建造资金还不能得到保证。如果火箭第一级和第二级将使用正在为联盟 5 号研制的发动机，那么第三级发动机的研制可能成为整个火箭的排头兵。它将由液氢和液氧作为燃料，我们在前文曾讨论过液氢和液氧是一种极其强大的燃料组合，但需要超精密的制冷设备和管道。俄罗斯最后一个使用这种燃料的火箭发动机是在 1987—1988 年发射的。制造这些发动机的同一家公司——KBKhA 也将参与制造 STK 的第三级发动机，但在这 30 年的时间间隔中，许多专业技术已经遗失。

联盟 5 号和随后的大型 STK 火箭的发射场也需要大量投资。联盟

---

① Sunkar是哈萨克语里的一个词语，意思是"猎鹰"，俄罗斯官员称，这与猎鹰在哈萨克文化中的重要性有关，而并不是与SpaceX猎鹰火箭有关。

5 号将从哈萨克斯坦拜科努尔存在已久的设施发射，前提是哈萨克斯坦要将现有设施翻新和升级。STK 将从俄罗斯远东的东方港航天发射场发射升空，正如我们所看到的，东方港航天发射场的发展受到腐败丑闻的严重影响。STK 还需要大量的新设施，这让人联想起 20 世纪 60 年代在卡纳维拉尔角为土星五号所建的设施。这将包括一座近 120 米高的装配大楼，一座火箭储存大楼，两座航天器集成大楼，一座可容纳 STK、联盟 5 号及满足 STK 级火箭试射的新发射台和一座移动服务塔。在 21 世纪 20 年代中期建立起这些设施还是非常有难度的（有些人会说是不现实的），但如果要实现 2028 年 STK 的首次发射，时间约束就摆在眼前。

　　搭载 STK 飞往月球的航天器也存在着挑战。新的联邦号（Federation[①]）飞船将有能力搭载 4 名宇航员登上月球（最多 6 名宇航员进入地球轨道），并打算取代 50 年来运送人类往返太空的联盟号飞船。它最初于 2009 年与工业部门签约，但由于其功能的变化（例如，最初只围绕地球运行，现在还需要围绕月球运行），建造被推迟。联邦号的设计可实现比联盟号更加精确地着陆，从而避免必须要落到哈萨克斯坦境内的开阔地带，可以着陆在俄罗斯领土上。截至 2019 年年初，其按计划在 2022 年从东方港首次试飞（不搭载航天员），2024 年将进行载人飞行，2025 年左右将进行无人登月飞行。但即使飞船本身满足了这一节点要求，联盟 5 号火箭和东方港航天发射场是否已经做好了准备？如期进行的可能性不大。

---

① 俄语为 Federatsiya。

在航天工业为了生存而奋斗的过程中，一代人已经逝去。现在俄罗斯航天部门雇用的工作人员不是 60 岁以上就是 30 岁以下，几乎没有中间年龄层的人员。此外，俄罗斯基本上放弃了苏联检查航天产品的做法——由受过工程训练的军官组成的独立检查队，这引发了制造和程序性错误开始不断涌现。最近的一个例子是，当联盟号飞船与国际空间站对接时，联盟号的外壳上被钻了一个小孔，这显然是一个偶然事件。在一位分析人士看来，在普京的领导下，最有效地获得政府资助的办法就是提出大胆而富有野心的并且其他国家以前都没有做过的太空任务，但专业知识的缺失导致了一种"第 22 条军规"式的混乱局面，而这些任务实际上已经超出了他们的工程能力范畴。

总而言之，俄罗斯已经表示，他们将开发一种非常强大的火箭，使其能够在 2030 年左右将人类送上月球。然而，俄罗斯最近在执行新的太空任务方面的记录很差，而且国家的经济正受到低油价的影响。德高望重的分析专家阿纳托利·扎克（Anatoly Zak）说："普京大胆而耗资巨大的举动正值俄罗斯航天计划的低谷期，无休止的失败、长达数年的项目拖延和腐败丑闻，显示出俄罗斯航天工业内部的运转存在持续性的不正常迹象。"他还说，"有迹象表明危机实际上正在加深，特别是在国际发射市场上，俄罗斯正面临一场艰难的战斗。建造超重型火箭是一个富有争议的解决问题的方法。"

20 世纪 60 年代，苏联试图击败阿波罗计划，就是因频繁改变方向和资金投入不足而寸步难行。从那以后的 50 年里，看起来情况并没有太大的变化，那么结果可能有所改观吗？俄罗斯很可能会再次陷入徒劳无功的境地，除非其与中国合作。

欧洲

其他一些在载人航天上斥巨资的国家是国际空间站的次级合伙人：几个欧洲国家[1]、日本和加拿大，还有印度。欧洲和日本可以发射无人航天器，但与主要合作伙伴（美国和俄罗斯）不同的是，它们没有经过载人任务验证的火箭。让我们快速探讨一下这些国家的情况，看看它们是否会对下一个在月球表面行走的人类产生影响。

德国在第二次世界大战期间研发了 V-2 火箭，从而开启了太空时代。V-2 在试飞中达到了约 200 千米的高度[2]，远远超出了太空的下边界——100 千米，这是人造物体首次达到这一高度[3]。但战后，技术资料和许多工程师移民到美国和苏联（并非全是自愿的），尤其是沃纳·冯·布劳恩，他继续领导美国土星五号火箭的研制，这对阿波罗计划至关重要。

英国和法国开发了中程导弹来携带核武器，但从未像美国和苏联这类超级大国一样大量部署。欧洲国家一直满足于购买美国的火箭将

---

① 主要通过与欧洲航天局合作实现，欧洲航天局（European Space Agency，ESA）是一个与欧盟没有直接法律联系但国家组成几乎相同的国际机构。

② 它在实弹射击时的最高高度约80千米。

③ 太空的边界是一个有争议的话题，一些专家提出边界为80千米。

其卫星送入太空，直到 20 世纪 60 年代末，美国开始拒绝发射一些卫星，美国的说法是由于国际法的约束，而欧洲认为是因为这些卫星会与美国构成竞争。因此，欧洲开发了自己运载火箭——阿里安（Ariane）系列火箭，从而避免了必须依赖非欧洲火箭。

欧洲火箭的早期研发聚焦于军事，意味着将人类送入太空的资金在欧洲各国政府的预算清单中优先级靠后。尽管如此，在经历了阿波罗登月的戏剧性和刺激之后，欧洲决定在美国的下一次载人航天冒险中扮演一定的角色，这项冒险就是航天飞机。欧洲对航天飞机的贡献是在航天飞机的货舱中布置了一个名为 Spacelab 的空间实验室，使宇航员能够在通常为期一周的航天飞机任务中进行科学研究。这对欧洲进入昂贵的载人航天领域来说是一项全新的尝试。

随后，欧洲决定在美国下一次载人航天探索活动——国际空间站（ISS）中更进一步，并贡献了约十分之一的空间站资金，主要形式为提供空间站供宇航员居住和工作的太空舱。事实上，空间站大约一半的可居住空间是由欧洲提供的。欧洲还利用阿里安火箭为空间站提供了一些补给货物的飞行。

在加入国际空间站计划时，欧洲曾考虑借此全面跨入载人航天领域，但后来又退缩了。当时提出这个想法主要是为了证明阿里安火箭能够运送人类，并建造一个名为 Hermes 的有翼航天器搭载宇航员往返太空。这项宏伟的研制计划的代价对欧洲政府来说太过高昂，他们还是决定在美国主导的空间站项目中扮演次级角色。最近，业界领袖发表了一些声明，称欧洲正在制造其最新火箭阿里安 6 号，足以安全发射载人航天器。但是研制阿里安6号的初衷是为了降低发射成本，以便与美国的 SpaceX 公司竞争，可是载人的要求将使其更加昂贵。

在无人航天器方面，欧洲对月球没有什么兴趣，而是将注意力集中在彗星、火星和常规天文学上。欧洲科学家倾向于选择这些更遥远的目标，如果没有科学家做背书，各国政府很难资助无人探月计划。

随着国际空间站的寿命接近尾声，欧洲已经签署协议，为 NASA 猎户座飞船提供一个主要舱段，飞船将由空间发射系统（SLS）发射到月球门户。由欧洲提供的服务舱将服务于猎户座的推进、电力、水、氧气、空调等。每个服务舱的（一台）发动机由美国提供，但欧洲仍需花费约 2.5 亿美元（见图 11.3）。[①]

2019 年年底，欧洲各国政府将决定是否在月球门户计划中承担一定的角色。此计划的目标是让一名欧洲宇航员偶尔在月球门户工作、管理无人月球车和探测器、为猎户座飞船提供更多的服务舱并测试人类在月球表面探索的新技术——最后一项技术正在由日本和加拿大联合研究。根据这一设想，欧洲需要将目前每年约 4.5 亿美元的空间站资金转用于月球门户计划。这意味着，2025 年必须停止对空间站的资助，而且从现在到那时，需要额外的资金来从事门户计划的活动。欧洲曾因想要继续资助国际空间站而倍感压力，但由于俄罗斯在其中扮演的核心角色使空间站在政治上的吸引力大大降低。

---

① 第一个服务舱的成本约为4.5亿美元（尽管缺乏一些功能，如无法为船舱提供一个可呼吸的环境），第二个服务舱成本约为2.3亿美元。

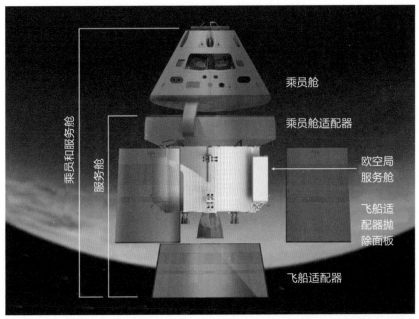

乘员舱

乘员舱适配器

欧空局
服务舱

飞船适
配器抛
除面板

飞船适配器

乘员和服务舱

服务舱

（图源：NASA）

图 11.3　欧洲正在为 NASA 猎户座飞船的前两艘提供服务舱，这两艘飞船将搭载宇航员往返月球门户。服务舱提供电力、推进、空气、水、冷却、加热和其他实用功能。欧洲在国际空间站项目中的作用是以实物形式支付国际空间站 8% 的费用。为未来的服务舱提供资金将是欧洲对月球门户计划投入的一部分。

　　欧洲不太可能在 2019 年签署由 NASA 领导的载人登月计划，但可能会同意考虑在 2028 年以后开展的任务，但将在 2023 年左右决定是否参与。

　　去过国际空间站的欧洲宇航员都在他们的祖国引起了公众的极大兴趣，甚至在最高政治层面也是这样的。最近的一个例子是法国人托马斯·佩斯奎特（Thomas Pesquet），他在 2017 年 6 月从空间站返回后，很快成为法国总统埃马纽埃尔·马克龙（Emmanuel Macron）的非正式顾问。因此，如果 NASA 的月球门户计划在 2019 年年底之前仍然一切顺利（考虑到 SpaceX 和蓝色起源的方案，这还不能确定），而且就结束国际空间站项目达成协议，欧洲很可能会加入月球门户计划。

日本

由于没有需要远程导弹的核武器，加上第二次世界大战结束的条约限制日本的军事力量只能用于防御，日本不得不从严格的民用预算中为其航天火箭的研制提供资金。这导致火箭相对昂贵，而且几乎只用于发射日本政府的卫星。

日本在国际空间站中的角色与欧洲相似——建造空间站的一个实验室模块，并在每 18 个月左右向空间站发射一次货物。日本资金投入比欧洲少了约 20%，每年约为 3.6 亿美元。从空间站返回的宇航员也不出意料地成为媒体眼中的明星，引起了公众的极大兴趣。

东亚地区紧张的政治局势有助于加强日本与美国的关联，特别是考虑到时任日本首相安倍晋三的民族主义立场。他提议取消宪法规定的禁止日本国防力量在境外使用的禁令，加上他不愿为日本在第二次世界大战期间的行为道歉，使他在一些在战争期间被日本占领的国家中很不受欢迎。

因此，在政治上，日本很可能希望继续参与美国的载人航天标志性的冒险活动，在月球门户计划中扮演一个次要角色。面临国际空间站退役和在空间站关闭前增加月球门户计划资金的棘手问题，日本和欧洲国家（及美国）的境遇是一样的。

加拿大

加拿大在航天飞机和现在的国际空间站项目中首先为自己找到了一个合适的角色——为项目提供精密的机械手。加拿大机械臂（绰号为 Canadarm）是空间站上的一个重要设备，在空间站外部工作需要操控重物时使用，包括在太空行走中移动宇航员及其需要的工具。目前，加拿大参与空间站的花销每年约为 4500 万美元。

加拿大宇航员为自己赢得了名誉。朱莉·帕耶特（Julie Payette）在 1999 年和 2009 年两次乘航天飞机前往国际空间站，总共在太空驻留了 3.5 个星期。在这两次访问中，她都负责机械臂的操作。她现在是加拿大总督，担任女王伊丽莎白二世在加拿大的官方代表。克里斯·哈德菲尔德（Chris Hadfield）于 2012—2013 年在国际空间站停留了 5 个月，推动了他作为一名乡村和西方音乐歌手的职业生涯，主要得益于他在太空的实时视频广播，还促成了一部真人秀系列节目。

加拿大似乎有兴趣担任月球门户计划机器人设备供应商的角色，但取决于其他国家是否支持这种资金安排。

如前文所述，加拿大已经与欧洲和日本合作，设计一系列前往月球表面的无人探测器，特别是参与了一个可能用到的无人巡视器。在第10章中，我们得知加拿大正在与欧洲合作，对月球上的机器人进行远程控制，使用魁北克省的部分地区模拟月球场景。这些举措为加拿大及其合作伙伴探索月球提供了一条模拟的技术路线，而不需要实地踏上月球。它既可以是把人类送到月球的跳板，也可能是一种成熟的选择。

印度

2018年8月，印度总理纳伦德拉·莫迪（Narendra Modi）选择了一个极具象征意义的日期和地点，发表了两项重大政策声明。这一天是8月15日——印度独立日，庆祝从大英帝国获得自由后的国家成立；地点是印度首都新德里的红堡，那里是印度最后一个土著帝国——莫卧儿王朝的主要住所。

第一项政策是国家医疗保险计划的开始，被称为"莫迪医疗"，这项计划对支持莫迪的印度最贫困的那部分人口起到了很好的作用。这项政策已经宣布，开始的日期是2018年9月25日。

第二项政策是承诺在2022年（仅仅4年后）印度脱离英国独立75周年之际，将一名印度公民送入太空。计划是让3名印度宇航员在环绕地球的轨道上驻留1周左右。

　　莫迪在这样一个备受瞩目的场合宣布了宇航员计划，把政府的威望作为后盾力保计划成功。印度空间研究组织 ISRO^① 的官员向媒体透露了进一步的细节：耗资约 13 ~ 20 亿美元^②，使用印度现有的中推力火箭（GSLV^③ Mark III），以及已经开展的成功的预备研究、原理样机研制和测试的细节。ISRO 的负责人在接受媒体采访时说，"这个项目所需的大部分技术已经由我的工程师研发出来了。"同样相关的（但没有提及）还有印度与法国总统马克龙签署的协议，该协议将在几个特定的技术领域就载人航天项目进行合作，这可能会降低项目中的一些风险。

　　令人惊讶的是，作为一个民粹主义政治家，莫迪没有打出类似中国用神话中的名字命名月球探测器时所用的大众文化牌。到目前为止，印度对其深空探测器都使用了枯燥的功能名称——机器人月球轨道器被称为"月球飞行器（Moon Vehicle）"（梵语为 Chandrayaan），环绕火星运行的探测器被称为"火星飞行器（Mars Craft）"（梵语为 Mangalyaan）。印度首批宇航员使用的飞船将被称为"Gaganyaan"（梵语中的"太空船"），延续了这种缺乏想象力的命名惯例。

　　1980 年以来，甚至在印度研制远程军事导弹之前，印度就已经拥有了自己的航天火箭研发能力。印度倾向于避开有声望的太空项目，把重点放在那些有助于提供教育、资源监测和天气预报的项目上。印度对载人航天的兴趣始于 2003 年中国将人类送入轨道。此后不久，印

---

　　① ISRO的全称为Indian Space Research Organization。
　　② 在透露细节的六个月之前，ISRO官员提供的预算估计是这个数字的两倍左右。
　　③ GSLV的全称为Geostationary Satellite Launch Vehicle。

度宣布将把人类送入太空，显然是决心表明它其技术上与亚洲竞争对手一样先进。2009 年，印度甚至宣布将在 2020 年前将人类送上月球。然而，这些计划的资金仅足以进行起步工作，而且直到现在还没有真正将印度人送入轨道。

尽管 ISRO 负责人声称已经掌握了大部分技术，但印度缺乏一个能够在太空中支持人类生存并耐受返回地球的高温的飞船。它已经成功地测试了一个小型的原理样机，但现在需要扩大到全尺寸。它还缺少一枚经过载人飞行验证的火箭。印度已经成功地测试了一个宇航员逃生系统，以防火箭在发射台上爆炸或在飞行中爆炸，但这只是载人火箭的一个组成部分。

所有人都相信，莫迪总理设定的 4 年期限是一个很高的要求。有一种解决办法是从其他地方购买技术，但从哪里购买呢？印度已经同意使用法国的专有技术来辅助模拟和飞行训练等，以实现载人航天的目标。不过，法国还没有印度所需要的全部载人航天技术。

还一个可行的方案是，印度可以从国外购买载人飞船，帮助缩短自己飞船的设计过程。但印度只给了自己 4 年的时间。

印度能否干脆从俄罗斯或中国购买或租赁一个飞船，用于首次载人航天任务呢？或者从正在为 NASA 研制载人运输飞船的 SpaceX 或波音公司那里获得一个飞船呢？考虑到莫迪总理在独立日宣布的民族主义和自食其力时的语气，这种前景似乎不大可能。

印度在莫迪总理领导下的外交政策可以视为试图为印度赢得一个

国际高层席位。在亚洲邻国中，只有中国是联合国安理会的常任理事国。莫迪加强了印度的军事力量[①]，并寻求与包括日本、俄罗斯和中国在内的其他亚洲大国建立良好关系。在具体外交政策方面，印度的首要任务之一是控制印度洋。

与中国的合作（除了从他们那里购买整个飞船）将是一个有趣的政治举动（见图 11.4）。这当然符合中国对所有国家开放邀请，加入其未来的空间站计划。中国当然有技术和测试设备可以帮助印度。

图 11.4　2018 年 8 月 21 日，印度总理莫迪（右）会见了中国国防部长魏凤和将军（左）。此前一周，莫迪宣布了印度计划在 2022 年前实现载人航天，旨在重复中国 2003 年的壮举。

印度和中国之间的经济和政治竞争既是一个绊脚石，也是一个机遇。这两个亚洲大国在太空领域的合作将向西方国家和俄罗斯等传统

① 2016年，印度成为世界第五大军费开支国，超过法国和英国。

航天强国传递一个信息：游戏规则已经改变。例如，中国联合印度可以要求与美国在月球门户计划中享有平等的伙伴地位。

然而，印度实施载人航天计划的一部分理由是为了赶上中国。如果在关键技术或设施上依赖中国，将证实印度在太空领域的落后。勇敢的印度政治家必须承认，印度需要中国的帮助才能完成如此引人瞩目的太空任务。但是，如果印度想站上太空上层的位置，与中国的联合可能是一个明确而快速的方法。

印度与俄罗斯在防务方面有着长期的联系，时间可以追溯到西方因印度发展核武器而禁止向其军售的时候。而且印度在空间技术方面与俄罗斯关系密切，包括俄罗斯向印度转让关键的火箭技术。2013年，当俄罗斯退出"月船二号（Chandrayaan-2）"联合无人登月任务时，情况变得糟糕。俄罗斯本应提供登陆月球的飞船，而印度将提供搭载在登月器上的探测器和环绕月球运行的飞行器。该协议于2007年签署，原计划于2015年发射，因此俄罗斯的这一迟来的改变产生了重大影响，这是由于俄罗斯在其另一次航天任务中提供的技术出现故障造成的。[①] 最终印度决定单干，但不得不将发射时间推迟到2019年。

俄罗斯当然拥有技术和设施，可以帮助印度进行第一次载人航天项目。不过考虑到月船二号的情况，印度可能会对2022年任务的任何关键部分依赖俄罗斯而感到紧张，但从技术上和政治上来说，俄罗斯可能会提供一些援助。

---

① Fobos-Grunt火星探测任务。

最后一个主要的潜在合作者当然是美国。2018 年 8 月，NASA 局长吉姆·布里登斯汀以印度月球一号探测器环绕月球时上面的美国设备发现月球表面有水为例，强调了美国与印度在月球探测方面的合作。布里登斯汀说："月球表面数千亿吨的水冰"是长期可持续探索计划的关键之一。需要注意的是，我们知道（第 10 章）对于 NASA 是否有能力建立一个可持续的登月计划是值得怀疑的，但 NASA 的负责人显然很重视美印合作的成果。

尽管印度继续从俄罗斯进口军事装备，但莫迪大幅增加了从美国进口武器的比例 [1]，从而避免了对单一武器来源的依赖。这种关系的另一个特点是印度和美国在高科技领域，特别是在计算机、软件 [2] 及在太空领域有着密切的私下联系。最著名的有关于航天例子可能是 NASA宇航员苏尼塔·威廉姆斯（Sunita Williams）（见图 11.5），2012 年曾担任国际空间站指令长，其父亲来自印度。

顺便提一句，ISRO 任命了一位女性来管理载人航天项目，她叫拉利坦比克（Lalithambika），有开发印度航天火箭的工作背景，之前是ISRO 位于印度南端海岸的 VSSC [3] 发射中心的副主任。这两位大权在握女性的出现能让印美双方达成明智的合作吗？美国和印度之间的务实合作很可能是确保印度在 2022 年最后期限之前完成发射第一名宇航员任务的途径。

---

[1] 自2007年以来，印度从美国公司的进口额已从接近零增长到150多亿美元。

[2] 如萨蒂娅·纳德拉（Satya Nadella，微软CEO）、帕德马里·沃里尔（Padmasree Warrior，思科CTO）和山塔努·纳拉延（Shantanu Narayen，Adobe CEO）。

[3] VSSC全称是Vikram Sarabhai航天中心（Vikram Sarabhai Space Centre）。印度科学家Vikram Sarabhai博士（1919—1971年）被广泛认为是印度太空计划之父。

（图源：NASA）

图 11.5 2012 年 10 月，国际空间站指令长苏尼塔·威廉姆斯在太空向媒体介绍情况。作为一名拥有印度血统的出色的 NASA 宇航员，她为提升印度载人航天形象和加强美印关系付出了很大的努力。

即便印度能在 2022 年前成功发射第一名宇航员，距离将宇航员送上月球还有很长的路要走。不过，它可能会给印度带来一些东西，让印度在美国、俄罗斯或中国等更先进的航天国家的登月计划中发挥作用。合作伙伴的具体选择可能取决于当时的政治形势。例如，美国是否会因为特朗普推出的关税政策而与世界其他国家发生争执？在这种情况下，印度可能会与中国合作，表明亚洲是 21 世纪世界上最重要的经济源动力。举个例子，如果美国私营机构的登月计划最终与 NASA 的计划竞争，印度可能会帮助这家美国公司获得国际合法性。

由于印度和美国在高科技领域有着如此多的私下联系，两国在未来的载人航天任务上的合作是非常有可能的。

第 12 章

总结

这是一块曾被阿波罗 11 号带上月球的补丁。1987 年，阿波罗 11 号上的三名宇航员尼尔·阿姆斯特朗、巴兹·奥尔德林和迈克尔·柯林斯在该补丁上签了名，并交给 NASA 妥善保管。任务补丁是航天任务常见的纪念品，但这一块的独特之处是它曾随阿波罗 11 号开启人类踏上其他星球的先河，而且上面的题词饱含对未来的期待——将它送给火星 1 号的机组人员。

20 世纪 60 年代之后，人类再一次登月已经有了现实的时间表。可能在 2024 年，最晚到 21 世纪 20 年代末，美国宇航员将追随吉恩·塞尔南的脚步，解除他"月球上最后一个人"的头衔。SpaceX（太空探索技术公司）是博彩公司眼中最青睐的提供登陆月球技术的公司，尽管它很有可能与 NASA 合作。

如果 SpaceX 出了意外（如果一个公司的老板承认，每周工作 120 小时并且要通过安眠药来助眠，公司肯定有风险），还有其他一些实力强劲的候选者正在热身。大约在 21 世纪 30 年代的初期到中期，美国本土的竞争者也将有所行动，蓝色起源可能已经部署了一枚超大的火箭，或者 NASA 可能得到了研制超级火箭所需的资金。而在美国之外，中国似乎致力于先完成无人探月再实施载人登月。让我们更详细地研究一下。

如前几章所述，阿波罗之所以能取得成功，是因为它被列为国家战略重点，预算也在数年内与之匹配。从技术角度来看，发展的关键是土星五号重型火箭。但除此之外，NASA 对项目的有效管理也作为最有力的支撑条件让肯尼迪总统 1961 年的承诺成为现实——在 10 年之内实现让宇航员登陆月球并安全返回地球。这是一项了不起的成就!

让人类登陆月球的难度之大在美苏竞争中得到了充分的印证——苏联人试图借此举战胜美国人，事实上却没能载人抵达月球。苏联的火箭技术是一流的，他们在 20 世纪 60 年代研制的火箭至今仍被广泛使用，就是最直接的证据。联盟号和质子号火箭就是最好的例子。但是他们没能研制出像土星五号那样的重型火箭——尽管他们确实尝试过（如图 8.14 和图 8.15）。归根结底，还是苏联管理太空计划的方式无法胜任月球计划的任务。他们从来没有为载人登月的各项目标提供充足的资金，总是中断计划转而去关注短期的优先事项，频繁变更设计方案和供应商。苏联工程师和管理人员可以充分利用这一体制，在 1957 年发射第一颗人造卫星，在 1961 年送第一个人类进入太空甚至创造许多其他的太空"第一次"，但是将人类送上月球实在是太复杂了。

不过，在阿波罗 11 号之后的 50 年里，难道不应该有哪个国家把人类送上月球吗？我们在前面的章节（特别是第 9 章）中已经看到，要把人送上月球表面并返回地球，需要一个比任何其他用途都大 5 倍的火箭。在每年大约 100 次的航天发射（用于通信广播、卫星导航、天气预报、科学试验等的卫星）中，没有任何一次任务需要土星五号火箭。因此，想要实现登月的目标，你必须能证明仅仅为了一趟月球之旅就开发这样一种超级火箭的花销是合理的，要知道，这趟旅行的花销可是极其昂贵的。

有人曾建议多次发射几枚较小的火箭来代替一次性发射一枚巨大的火箭，在太空中组装月球飞船。我们从国际空间站的实践中探索了在太空组装复杂结构的方法，这既困难又耗时，而且成本高昂。国际空间站的花费与阿波罗计划相当（以今天的货币基准计算，两者都是 1000 亿美元）。因此，这种方法也是非常昂贵的，也很难证明这是一种更优的选择。

不在月球表面着陆的情况下往返月球是可以做到的——但仅仅是勉强做到——要使用用于其他用途的最大的火箭。在没有降落伞（因为月球上没有大气）的条件下着陆，然后再次起飞并达到入轨所需的速度，这需要的额外能量，因此超级火箭不可或缺。

一家美国公司——SpaceX 目前已于 2018 年 2 月制造并发射了猎鹰重型（Falcon Heavy）火箭，其动力约为阿波罗计划中土星五号的一半，并正在研制更强大的火箭和宇宙飞船，分别名为"超级重型（Super Heavy）"和"星际飞船（Starship，又称星舰）"（见图 12.1），其性能将超过土星五号火箭。SpaceX 公司所有者（埃隆·马斯克）花费 50 亿美元开发这种超级火箭的主要理由是为了实现载人火星之旅的愿景。

（图源：SpaceX）

图 12.1 艺术家渲染的 SpaceX 完全可重复使用的超级重型火箭和星际飞船的分离时刻。舷窗数量之庞大透露出星际飞船打算搭载大约 40 名乘客。船翼既是着陆支架，也承担着大气层内的飞行控制。

他只花费了 NASA 同类任务成本的一小部分来研发火箭，相关技术已经在他的主流而且畅销的猎鹰 9 号（Falcon 9）火箭上得到了验证。猎鹰 9 号的低廉价格迫使所有火箭供应商大幅降价；起到同样作用的还有猎鹰重型火箭，它是目前世界上最强大的火箭，甚至是在没有政府资助的情况下研制出来的。两型火箭给予了他一项稳定的收入来源，可以巩固他的下一轮发展并使他的计划可信度更高。SpaceX 在 2019 年将实现一个重要的里程碑——首次通过猎鹰 9 号火箭发射载人任务。宇航员们将借此在距地球约 400 千米高的轨道上往返于国际空间站。

超级重型和星际飞船是专为火星任务而设计的，但 SpaceX 认为他们也可以用于载人登月任务。他们已经卖出了几张 2023 年左右绕月飞行（而不登陆月球）并直接返回地球的星际飞船的座位（马斯克承认这个计划比较乐观，但声称这是可行的）。

然而，需要让人保持清醒的事实是，SpaceX 的所有者埃隆·马斯克存在关键人物依赖的风险，他的死亡或丧失能力将危及其月球和火星计划。

另一家由亿万富翁持有的美国公司——蓝色起源，正致力于在月球上建立人类前哨基地，并正在研制动力足以胜任这项任务的火箭。蓝色起源的所有者杰夫·贝佐斯是世界首富，因此，他有足够的资金资助火箭按照他的意愿研制。他的亚轨道火箭已经经过验证；他的第一枚能够进入轨道的火箭，叫作新格伦（New Glenn），已经发展到足以令人信服的程度，计划在 2020 年进行第一次飞行。新格伦的动力将几乎与猎鹰重型一样大，大约是载人登月所需动力的 40%。

贝佐斯曾表示，他的目标是在月球上建立工业设施，并暗示为实现此目标，一枚足够大的火箭正在研制中。火箭的名字将是新阿姆斯特朗（New Armstrong）。新格伦是以第一个绕地球轨道飞行的美国人命名的，新阿姆斯特朗想必是以第一个登上月球的美国人命名的，这也表明了新阿姆斯特朗火箭的运载能力。

与 SpaceX 一样，蓝色起源也存在贝佐斯本人的关键人物依赖风险，是否有一个接班人能够实现月球工业化的设想，并准备每年投入 10 亿美元来实现这一目标呢？

就像 NASA 在 20 世纪 60 年代所做的那样，忽视计划是愚蠢的行为，尤其是在截至 2018 年的十年中，NASA 已经花费 230 亿美元研制一枚运载航天器飞往月球的超级火箭以及支持它们的地面设备。太空发射系统（Space Launch System, SLS）超级火箭每年的投入资金规模在 20 亿美元左右，预计将于 2020 年首次发射（见图 12.2）。太空发射系统将有 3 个版本，2020 年的版本大致与 SpaceX 现有的猎鹰重型一样强大，第二个（动力适中的）版本将于 2024 年左右发射，最终版本（通过一次发射将人送上月球表面的版本）将在 5 ~ 10 年后推出。

NASA 的花费是天价，它可能需要 150 亿美元甚至更多才能满足美国政府要求的 2024 年的最后期限。国会是否会批准这笔资金还要打个问号，尤其是在私营公司的替代方案花销很低的情况下。

因此，NASA 的太空发射系统在 21 世纪 20 年代初被 SpaceX 和蓝色起源的火箭取代是极有可能发生的。

总而言之，到了 21 世纪 20 年代中期，美国应该至少有一个土星五号级别的火箭可以使用，到 2030 年可能会有 3 种不同的火箭。这将为美国宇航员重返月球打开大门。

（图源：NASA）

图 12.2 艺术家渲染的从肯尼迪角起飞的 NASA 太空发射系统的初始载人版本。这一版本的太空发射系统的动力只会比现有的 SpaceX 猎鹰重型稍强一些。动力更强的 SLS 版本还在计划中。

我们在第 11 章中看到了印度、俄罗斯和其他国家还没有将人类送上月球的计划。印度计划在 2022 年前发射一名宇航员，但还没有可信的载人登月计划。

俄罗斯 15 年来一直在尝试研制新型火箭，但没有成功，因此有关他们制造超级火箭的说法在可预见的未来缺乏可信度。事实上，几乎没有迹象表明俄罗斯吸取了 20 世纪 60 年代的教训——在考虑人类登月这样复杂的任务时，自上而下的高效管理才是成功的关键。

欧洲、加拿大和日本没有开发土星五号级别火箭的计划，可能会选择与美国合作进行月球计划。

中国则要另当别论，因为已经有迹象表明，中国正在考虑将人类送上月球。中国已经开始以创新的方式用无人探测器瞄准月球，如在2019年嫦娥四号探测器着陆在月球背面，在2020年嫦娥五号探测器采集约2千克的月球土壤并将其带回地球进行分析。

与此同时，中国还公布了一项长期计划，其中包括研制一枚重型火箭（其发动机样机已接近准备就绪）及一艘新型的足以支持登月任务的航天器。2030年是这枚重型火箭计划投入使用的日期。印度宣布计划在2022年前实现载人航天飞行，这可能会促进中国进一步推进2030年的计划，令人信服地保持其在亚洲太空领域的领导地位。

因此，现在看来，中国将在美国之后的几年把人类送上月球。但如果美国的计划有任何延期，那么中国在航天领域的地位将有一场天翻地覆的变化，吉恩·塞尔南"月球上最后一个人"的头衔将传递给一名中国航天员。

我们通过20世纪60年代的故事可以看到，没有什么比一场有益的竞争更能推动事情的发展了。21世纪20年代，竞争氛围要比60年前弱了很多，但即便如此，美国和中国仍有足够的动机来展示国家实力，再次进行载人登月活动的可能性比阿波罗17号之后的任何时候都要更大，可能到2024年，也可能到2030年。

译后记
POSTSCRIPT

    阿波罗计划自 1961 年开始实施，历时 11 年，成功完成 6 次载人登月，总共将 12 名美国宇航员送上月球。阿波罗计划的探索和尝试，让人类对科学技术能够达到的高度刷新了认知，也使人类对突破更远的生存边界充满了期待。阿波罗计划的影响力一直延伸到 50 余年后的今天，人们一直对此津津乐道，这段充满了科幻色彩的太空旅行直到今天仍然让一些人觉得难以置信。在回顾阿波罗的同时，我们不禁要问：难道 50 年前人类能做到的事情今天却做不到了？

    把人送上另一个星球，是一项浩大的系统工程，涉及的科学、技术、政治、经济、管理问题千头万绪，50 年前是这样，今天亦是如此。在读过本书之后，相信读者能体会到，NASA 曾经为了登月"不顾一切"，却也让阿波罗成为了"昙花一现"；而今天，当我们准备再赴浩瀚星河时，应该更加从容，知道自己因何而来、为何而去，这也是译者翻译本书的初衷！

    我们期待读者朋友们能在书中精彩的故事、翔实的论证、客观的分析中得到启发，加深对航天工程的认识，理解中国以及世界各国航天事业发展战略的内在逻辑，并畅想人类下一步探索太空的发展路线和美好愿景。

本书翻译和出版过程中得到了金仲和教授、蒙涛教授、许笑一博士、杨瑶博士、胡科琪博士、倪朱珏工程师、韩梦琳博士、崔彦博士、何苗女士、朱玉玲老师，以及本书编辑刘家彤提供的帮助和建议，在此一并致谢！

译者

2021 年 6 月